物联网基础教程

WULIANWANG JICHU JIAOCHENG

主　编◎李爱军

副主编◎王　彦　姚丽丽

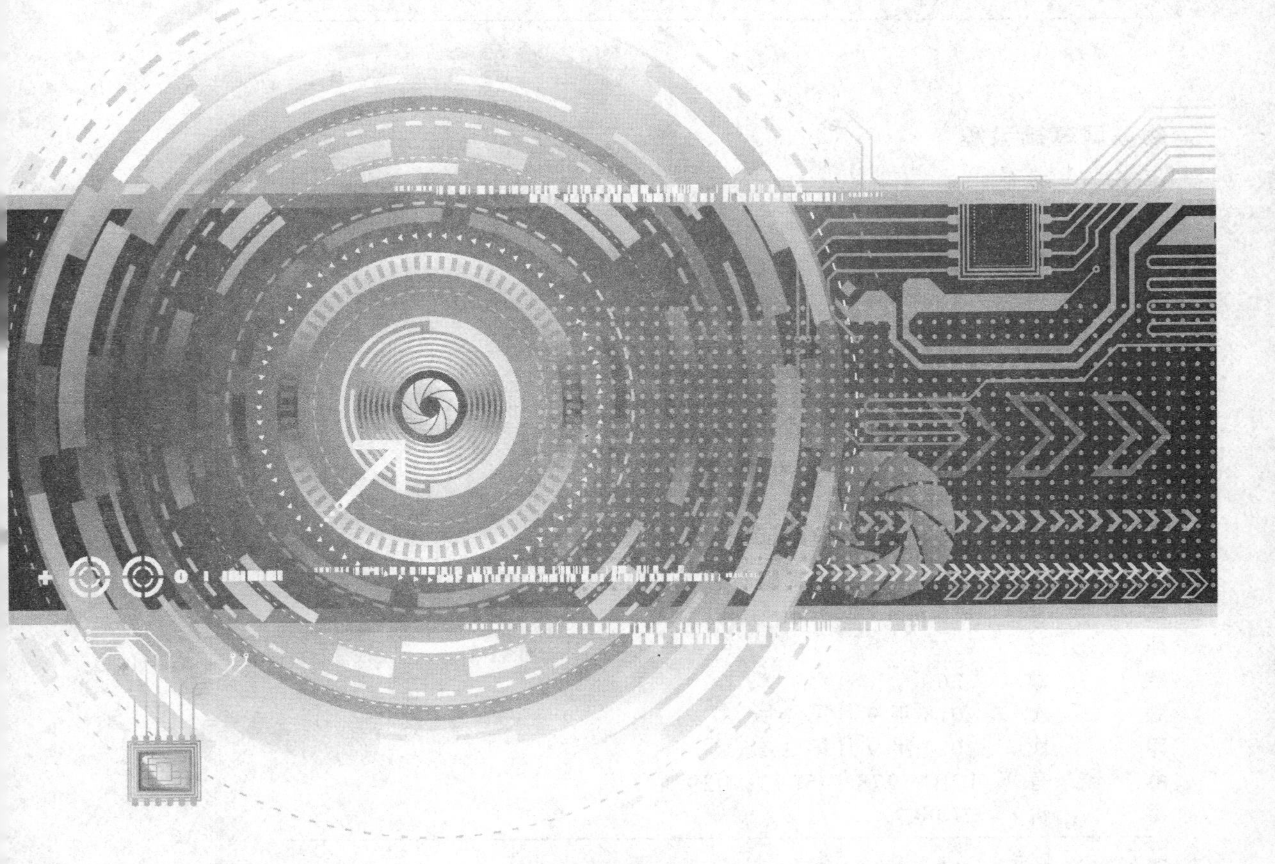

西南交通大学出版社

·成都·

内容简介

本书主要介绍了物联网技术的一些基础知识，包括物联网的定义；物联网的提出背景以及国内外的研究状况；物联网的三层结构体系及其相关的一些关键技术，比如 RFID 技术、传感器、视频采集、无线传感器网络（蓝牙、ZigBee、2G、3G、4G、Wi-Fi 等），还着重介绍了二维码技术。最后结合实际应用，介绍了物联网在交通、农业、工业、物流、教育、医疗、通信及智能家居等各个领域的应用，以及物联网在实际应用中面临安全威胁的一些技术分析。

图书在版编目（CIP）数据

物联网基础教程 / 李爱军主编. —成都：西南交通大学出版社，2016.9（2020.9 重印）
ISBN 978-7-5643-5029-1

Ⅰ. ①物… Ⅱ. ①李… Ⅲ. ①互联网络－应用－教材 ②智能技术－应用－教材 Ⅳ. ①TP393.4②TP18

中国版本图书馆 CIP 数据核字（2016）第 219482 号

物联网基础教程
主编 李爱军

责任编辑 宋彦博
助理编辑 秦明峰
封面设计 严春艳

出版发行 西南交通大学出版社
（四川省成都市金牛区二环路北一段 111 号
西南交通大学创新大厦 21 楼）
发行部电话 028-87600564 028-87600533
邮政编码 610031
网址 http：//www.xnjdcbs.com

印刷 成都中永印务有限责任公司
成品尺寸 185 mm×260 mm
印张 9.75
字数 226 千
版次 2016 年 9 月第 1 版
印次 2020 年 9 月第 3 次
书号 ISBN 978-7-5643-5029-1
定价 27.00 元

课件咨询电话：028-87600533
图书如有印装质量问题 本社负责退换

前 言

物联网（Internet of Things，IoT）作为21世纪一项新的信息技术革命，是继计算机、互联网之后信息技术领域关注的热点，被视为具有技术革命意义的第三次浪潮。物联网使人类社会进入了一个新的阶段，以社会发展更高效、资源消耗更节约、万物更智慧、人类的生活更美好为宗旨，全新打造人类新的生活和工作空间。我国的物联网应用已经延伸到社会的各个方面，受到国内乃至世界各国的普遍关注，新的应用智能化模式也日渐成熟。

物联网是通过传感设备按照约定的协议，把各种网络连接起来，进行信息交换和通信，以实现智能化识别、定位、跟踪、监控和管理的一种网络。物联网有三个显著特点：第一是全面感知，即利用RFID、传感器、二维码等随时随地获取物体的信息，包括用户位置、周边环境、个体喜好、身体状况、情绪、环境温度、湿度，以及用户业务感受、网络状态等；第二是可靠传递，即通过各种网络融合、业务融合、终端融合、运营管理融合，将物体的信息实时准确地传递出去；第三是智能处理，即利用云计算、模糊识别等各种智能计算技术，对海量数据和信息进行分析和处理，对物体进行实时智能化控制。其目的是让所有的物品都能够被远程感知和控制，并与现有的网络连接在一起，形成一个全新的、智慧的生产生活体系，从而真正实现“无处不在的计算”的理念。

本书共分为七章。第1章主要阐述物联网的提出、特点、发展历程及国内外的研究现状，重点介绍了物联网的相关概念。第2章主要介绍物联网的三层结构体系及其相关的关键技术。第3章主要介绍了二维码的类型、特点及应用发展情况。第4章介绍了RFID技术的相关概念、特点、发展及相关应用；重点介绍了RFID技术的系统组成和工作原理，分别对高频和超高频的体系标准和工作原理进行了详细的阐述。第5章介绍了传感器的一些相关概念、特性、分类、发展、传感器的接口；以及对无线传感器网络做了讲解，让读者明白在无线传感器网络中，网关节点、路由节点和终端节点的工作原理及各自发挥的作用。第6章主要介绍了物联网的应用，分别从农业、工业、物流、教育、医疗、通信及智能家居等方面进行了阐述。第7章主要介绍了物联网的安全技术、物联网面临的安全威胁；以及作为物联网核心技术的无线传感器网络和RFID技术的安全问题，并对它们的安全做了相应的分析。

本书可作为高职院校物联网技术、计算机、通信技术、应用电子等相关专业的教学参考书，也可作为一般读者的学习参考书。

本教材由天津职业大学李爱军老师主编。其中，第2~6章由李爱军老师编写，第1章由姚丽丽老师编写，第7章由王彦老师编写。

由于物联网技术在国内外都属于新兴学科，涉及的一些新技术还处于发展变化中，尚未达到成熟普及的阶段，加上本书作者的认知角度和水平有限，书中难免有疏漏之处，恳请广大读者批评指正。

作　者

2016年6月

目 录

1 物联网概述

1.1 物联网的定义

物联网的英文名称是“Internet of Things”，早在 1995 年，比尔·盖茨在《未来之路》一书中就已经提及物联网概念。但是，“物联网”概念的真正提出是在 1999 年，由 EPCGlobal 的 Auto-ID 中心提出。目前，对于物联网的定义尚没有统一的认识，物联网的概念是不断发展的，所以不同的国家、权威组织机构、企业及专家学者都从不同的角度，根据自身的理解，给出了物联网概念的各种解释。

1.1.1 Auto-ID 中心的定义

1999 年，麻省理工学院 Auto-ID 研究中心将物联网定义为：“物联网就是把所有物品通过射频识别（Radio Frequency Identification，RFID）和条码等信息传感设备与互联网连接起来，实现智能化识别和管理”。

1.1.2 国际电信联盟的定义

2005 年，国际电信联盟（ITU）正式称“物联网”为“The Internet of things”，同年 11 月，在突尼斯举行的信息社会世界峰会（World Summit on the Information Society，WSIS）上，发表了年终报告《ITU 互联网报告 2005：物联网》。报告指出，无所不在的“物联网”通信时代即将来临，世界上所有的物品从轮胎到牙刷、从房屋到纸巾都可以通过因特网主动进行信息交换。报告同时描绘出“物联网”时代的图景：当司机出现操作失误时汽车会自动报警；公文包会提醒主人忘带了什么东西；衣服会“告诉”洗衣机对颜色和水温的要求，等等，如图 1-1 所示。报告中对物联网概念进行了扩展，提出了任何时刻、任何地点、任何物体之间的互联。报告中还介绍了物联网的特征、相关的技术、未来面临的挑战和市场机遇等。

国际电信联盟对物联网的定义是：“物联网主要解决物体到物体（Thing to Thing，T2T），人到物体（Human to Thing，H2T），人到人（Human to Human，H2H）之间的互联。”与传统互联网不同的是，H2T 是指人利用通用装置与物品之间的连接，H2H 是指人之间不依赖于个人计算机而进行的互联。

图 1-1　物联网的构想示意图

1.1.3　欧洲智能系统集成技术平台的定义

2008 年，欧洲智能系统集成技术平台（the European Technology Platform on Smart System Integration，EPoSS）发布了“Internet of Things in 2020”报告。该报告分析并预测了未来物联网的发展，认为 RFID 和相关的识别技术是未来物联网的基石，但更加侧重于 RFID 的应用及物体的智能化。该报告对物联网的定义是：“物联网是由具有标识、虚拟个性的物体/对象所组成的网络，这些标识和个性等信息在智能空间使用智慧接口与用户、社会和环境进行通信。”

1.1.4　欧盟第 7 框架下 RFID 和物联网研究项目组的定义

欧盟第 7 框架下 RFID 和物联网研究项目组的主要研究目的是便于欧洲内部不同 RFID 和物联网项目之间的组网，协调 RFID 的物联网研究活动、专业技术平衡与研究效果最大化，以及项目之间建立协同机制等。

2009 年 9 月，该项目组在其发布的研究报告中提出物联网的定义是：“物联网是未来互联网的一个组成部分，可以被定义为基于标准的和可互操作的通信协议，且具有自配置能力的、动态的全球网络基础架构。物联网中的‘物’都具有标识、物理属性和实质上的个性，使用智能接口实现与信息网络的无缝整合。”如图 1-2 所示。

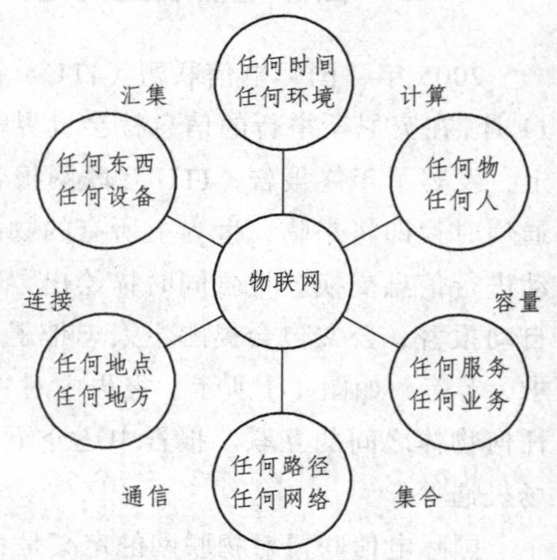

图 1-2　物联网的形成特性

1.1.5　中国政府工作报告的定义

2010 年，我国政府工作报告中所附的注释对物联网的说明有：“物联网是通过传感设备按照约定的协议，把各种网络连接起来，进行信息交换和通信，以实现智能化识别、定位、跟踪、监控和管理的一种网络。”

现在较为普遍的理解是，物联网是将各种信息传感设备，如射频识别（RFID）装置、红外感应器、全球定位系统、激光扫描器等种种装置与互联网结合起来而形成的一个巨大网络。通过安置在各类物体上的电子标签、传感器、二维码等经过接口与无线网络相连，从而给物体赋予智能，可以实现人与物体的沟通和对话，也可以实现物体与物体互相间的沟通和对话。

物联网是利用条码、射频识别（RFID）、传感器、全球定位系统、激光扫描器等信息传感设备，按约定的协议，实现人与人、人与物、物与物的在任何时间、任何地点的连接（Anything、Anytime、Anywhere），从而进行信息交换和通信，以实现智能化识别、定位、跟踪、监控和管理的庞大网络系统。

物联网与其他技术的关系如图 1-3 所示。

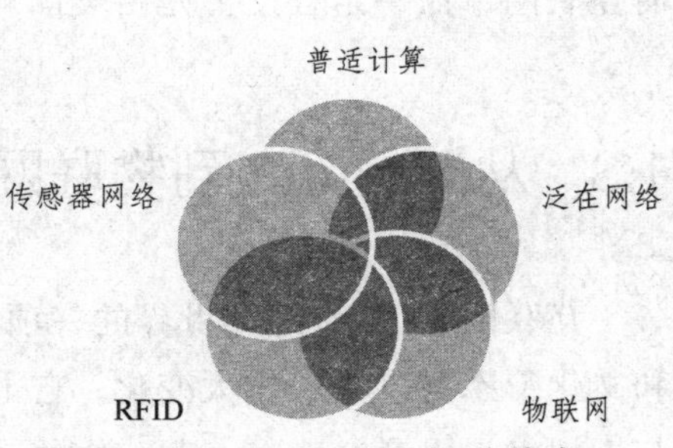

图 1-3　物联网与其相关技术

1.2　物联网提出的背景

1.2.1　物联网提出的原因

1. 经济危机下的推手

经济长波理论：每一次的经济低谷必定会催生出某些新的技术，而这种技术一定是可以为绝大多数工业产业提供一种全新的使用价值，从而带动新一轮的消费增长和高额的产业投资，以推动新经济周期的形成。

过去的 10 年间，互联网技术取得巨大成功。目前的经济危机让人们又不得不面临紧迫的选择，物联网技术成为推动下一个经济增长的特别重要的推手。

2. 传感技术的成熟

随着微电子技术的发展，涉及人类生活、生产、管理等方方面面的各种传感器已经比较成熟，例如常见的无线传感器（WSN）、RFID、电子标签等。

3. 网络接入和信息处理能力大幅提高

目前，随着网络接入多样化、IP 宽带化和计算机软件技术的飞跃发展，基于海量信息收集和分类处理的能力大大提高。

1.2.2　十五年周期定律下的物联网

IBM 前首席执行官郭士纳提出一个重要的观点：计算模式每隔 15 年发生一次变革。

1965 年前后发生的变革以大型机为标志。

1980 年前后以个人计算机的普及为标志。

1995 年前后则发生了互联网革命。

2010 年前后？物联网？

每一次这样的技术变革都引起企业间、产业间甚至国家间竞争格局的重大动荡和变化。而互联网革命一定程度上是由美国“信息高速公路”战略所催熟。

1.3 从 Internet 到物联网

互联网是 20 世纪全世界的一项伟大发明。Internet 的出现使人们的交往方式、社会意识和文化形态都发生了重大变化，它不仅改变了现实世界，更加催生了虚拟世界，使现实世界与虚拟世界融合交织在一起，缩短了人与人之间的时空距离。

互联网是物联网的基石，物联网是互联网的进一步延伸和发展，两者既有共同之处也有区别。简单来说，互联网实现了人与人的联系，而物联网则实现人与人、人与物、物与物的联系。如果说互联网扩充和丰富了“地球村”的内涵，而物联网将带领我们通向“智慧地球”。

1.3.1 互联网的概念

互联网是连接网络的网络，是目前世界上最大的计算机网络。美国联邦委员会（FNC）认为互联网（Internet）是全球性的信息系统，通过全球性唯一的地址逻辑地连接在一起，这个地址是建立在互联网协议（IP）或今后的其他协议基础之上的，可以通过传输控制协议和互联网协议（TCP/IP），或者其他与互联网协议兼容的协议来进行通信，来满足用户的各种服务需求，而这些需求是建立在上述通信协议及相关的基础设施之上的。互联网示意图如图 1-4 所示。

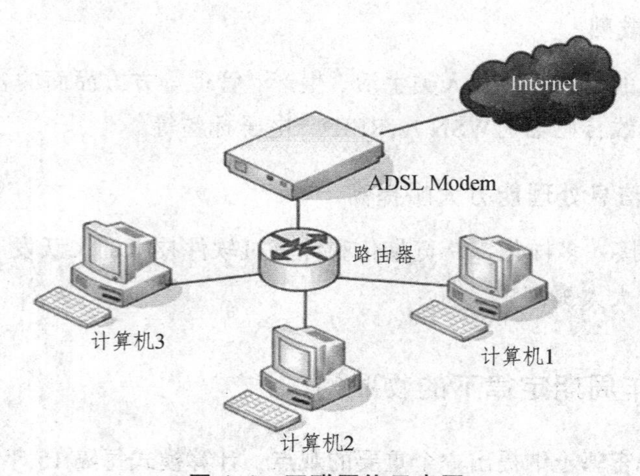

图 1-4 互联网络示意图

互联网作为一个网络实体，是通过网关连接起来的网络集合，即一个由各种不同类型和规模的独立运行与管理的计算机网络组成的全球范围的计算机网络。计算机网络包括局域网（LAN）、城域网（MAN）及大规模的广域网（WAN）等。

经过多年的发展，互联网已经为全人类在社会各个层面提供了便利的服务。包括电子邮件（Email）、视频会议、即时消息、网络日志（Blog）、网上购物等，而基于 B2B、B2C、C2C 等平台的电子商务、全球性的商务会谈及电子政务等也越来越多地成为了人们的一种生活和工作方式，而在这其中互联网创造了更加安全和便捷的环境。

1.3.2 互联网与物联网的关系

互联网是由计算机连接而成的全球网络，即广域网、局域网及个人计算机按照一定的通信协议组成的国际计算机通信网络。物联网可以说是互联网的升级版，物联网就是物物相连的互联网，它的核心和基础仍然是互联网。那么物联网和互联网到底有哪些区别呢？物联网时代和互联网时代又有那些不同之处呢？

1. 互联网是物联网的基础

通俗地说，物联网是“传感网 + 互联网”，是互联网的延伸与扩展。它把人与人之间的互联互通扩大到人与物、物与物之间的互联互通。可以说，互联网是物联网的核心与基础。而物联网是为“物”而生，主要是为了管理“物”，让“物”自主地交换信息，服务于人。既然如此，那么物联网就要让“物”具备智能，物联网的真正实现比互联网的实现更难。另外，从技术的进化上讲，从人的互联到“物”的互联，是一种自然的递进，本质上互联网和物联网都是人类智慧的物化而已，人的智慧对自然界的影响才是信息化进程的本质原因。

2. 互联网和物联网终端连接方式不同

互联网用户通过终端系统的服务器、台式计算机、便携式计算机、iPad、智能手机等终端访问互联网资源，如发送和接收电子邮件，阅读新闻，读写博客或微博，通过网络电话通信，在网上买卖股票、基金，进行网络理财，订机票和酒店。

物联网中的传感器节点需要通过无线传感器网络的汇聚节点接入互联网；RFID 射频芯片通过读写器与控制计算机连接，再通过控制节点的计算机接入互联网。因此，由于互联网和物联网的应用系统不同，所以接入方式也不同。

3. 物联网涉及的技术更深、范围更广

互联网只是一种虚拟的交流，而物联网实现的是实物之间的对话，物联网应用的技术主

要包括无线技术、互联网、智能芯片技术、软件技术、人工智能等，几乎涵盖了信息通信技术的所有领域。

互联网到物联网的发展如图 1-5 所示。

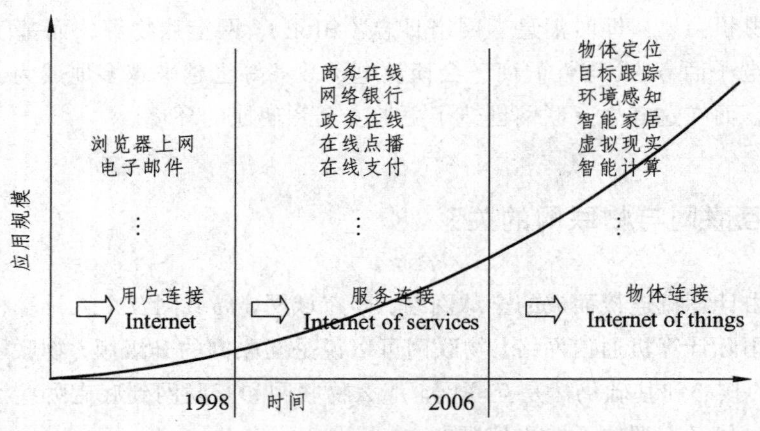

图 1-5　互联网到物联网发展示意图

1.4　物联网的特征

物联网的基本特点集中体现在三方面：全面感知、可靠传输和智能处理。

（1）全面感知。

利用 RFID、传感器、二维码等能够随时随地采集物体的动态信息。

全面感知阶段包括对物体静态数据及属性的感知、对物体固定属性的动态感知和对环境模糊信息的感知。

① 对物体静态数据及属性的感知：RFID、红外感应器、激光扫描、二维码等。

② 对物体固定属性的动态感知：传感器网、GPS 等。

③ 对环境模糊信息的感知：视频探头等。

RFID、无线传感网、视频探测三者均应用于物联网的末端感知环节，且具有很强的协作性和互补性，而这种协作性和互补性将不仅实现更为透彻的感知，而且将极大提高信息感知的准确性。

（2）可靠传输。

通过网络将感知的各种信息进行实时传送。

（3）智能处理。

利用计算机技术，及时地对海量的数据进行信息处理与控制，真正达到了人与物的沟通、物与物的沟通。

物联网模型如图 1-6 所示。

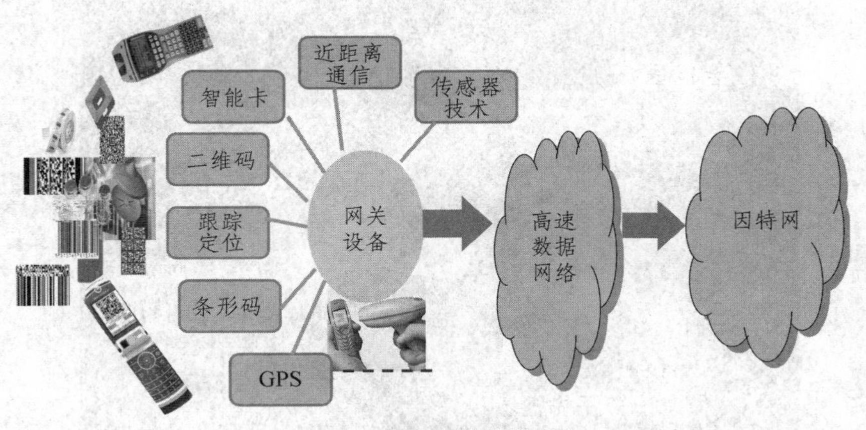

图 1-6　物联网模型示意图

1.5　物联网基本理论模型

物联网是下一代网络，包含上万亿节点来代表各种对象，从无所不在的小型传感器设备，到大型网络的服务器和超级计算机集群。它是继计算机和网络革命之后的又一场科技革命。它集成了新的计算和通信技术（如传感器网络、RFID 技术、移动技术、实时定位、全员计算和 IPv6，等等），它指明了建立下一代互联网的发展方向。物联网是 IBM 公司提出的“智慧地球”的核心。物联网的智能对象（如传感器输入、制动器等）可以通过基于新通信技术的网络来通信。

1.6　各国物联网战略

1.6.1　“智慧地球”（美国，2008）

美国 IBM 公司提出的“智慧地球”概念（建议政府投资新一代的智慧型基础设施）已上升至美国的国家战略。该战略认为 IT 产业下一阶段的任务是把新一代 IT 技术充分运用在各行各业之中，具体地说，就是把感应器嵌入和装备到电网、铁路、桥梁、隧道、公路、建筑、供水系统、大坝、油气管道等各种物体中，并且被普遍连接，形成“物联网”。“智慧地球”的概念示意如图 1-7 所示。

图 1-7　智慧地球

1.6.2　“物联网行动”（欧盟，2008）

“物联网行动”计划，它具体而务实，强调 RFID 的广泛应用，注重信息安全。2009 年 6 月，欧盟委员会向欧盟议会、理事会、欧洲经济和社会委员会及地区委员会提出了“欧盟物联网行动计划”（Internet of Things-An action plan for Europe），以确保欧洲在建构物联网的过程中起主导作用。行动计划共包括 14 项内容，主要有管理、隐私及数据保护、“芯片沉默”的权利、潜在危险、关键资源、标准化、研究、公私合作、创新、管理机制、国际对话、环境问题、统计数据和进展监督等。

1.6.3　“i-Japan 战略”（日本，2009）

“i-Japan 战略”，在“u-Japan”的基础上，强调电子政务和社会信息服务应用。2004 年，日本信息通信产业的主管机关总务省（MIC）提出 2006—2010 年间 IT 发展任务——“u-Japan 战略”。该战略的理念是以人为本，实现所有人与人、物与物、人与物之间的连接，希望在 2010 年将日本建设成一个“实现随时、随地、任何物体、任何人（Anytime, Anywhere, Anything, Anyone）均可连接的泛在网络社会”。

1.6.4　“u-Korea 战略”（韩国，2009）

继日本提出“u-Japan”战略后，韩国也在 2006 年确立了“u-Korea”战略。“u-Korea”旨在建立无所不在的社会（ubiquitous society），让民众可以随时随地享有科技智慧服务。其最终目的，除运用 IT 科技为民众创造衣、食、住、行、育、乐等方面无所不在的便利生活服务，亦希望扶植 IT 产业，发展新兴应用技术，强化产业优势与国家竞争力。

1.6.5 “感知中国”（中国，2009）

“感知中国”，2009 年 8 月 7 日温家宝在无锡考察时提出要尽快建立中国的传感信息中心（或者叫“感知中国”中心）。

1.7 中国物联网发展

1.7.1 我国物联网发展概况

中国物联网技术起步较早，在 20 世纪 90 年代，就已经开始了无线传感领域的研究。目前在物联网的标准和技术方面也具有一定的优势。

中国科学院从 1999 年开始就对物联网的标准和技术开发等工作进行研究；科技部“863”计划第二批专项课题中包括了 7 个关于物联网的课题；铁路中 RFID 应用基本涵盖了铁路运输的全部业务；卫生部的 RFID 主要应用领域有卫生监督管理、医保卡、检疫检验等；交通运输部门在高速不停车收费（ETC）、多路识别、城市交通一卡通等智能交通领域也有突破。

2009 年 8 月 7 日，温家宝在考察中国科学院无锡高新维纳传感网工程技术研发中心时，对该中心正在对继互联网、移动通信之后的全新技术领域传感网进行攻关，立志开辟“感知中国”（又称“智慧中国”）的创新之举，做出高度评价：“在传感网发展中，要早一点谋划未来，早一点攻破核心技术”，“在国家重大科技专项中，加快推进传感网发展”，“尽快建立中国的传感信息中心，或者叫‘感知中国’中心”。

“感知中国”成为中国信息产业发展的国家战略。目前，物联网已被列入国家战略性新兴产业规划，无锡则被列为国家重点扶持的物联网产业研究与示范中心。

1.7.2 我国发展物联网的优势

我国在物联网发展方面具有以下五方面的优势。

（1）我国早在 1999 年就启动了物联网核心传感网技术研究，起步较早，研发水平处于前列。

（2）我国经济实力在整个世界经济的发展中占主导地位，有发展物联网的经济实力。

（3）我国无线通信网络和宽带覆盖率高，为物联网的发展提供了坚实的基础。

（4）在世界传感网领域，我国是标准主导国之一，专利拥有量高。

（5）我国是目前能够实现物联网完整产业链的国家之一。

1.7.3　我国物联网发展历程（见表 1-1）

表 1-1　我国物联网的发展情况

1999 年	中国开始传感网研究
2009 年 8 月 7 日	温家宝在无锡视察中科院“物联网”技术研发中心时指出，要尽快突破核心技术，把传感技术和 TD 的发展结合起来
2009 年 8 月 24 日	中国移动董事长王建宙访问台湾期间解释了“物联网”概念
2009 年 9 月 11 日	“传感器网络标准工作组成立大会暨‘感知中国’高峰论坛”在北京举行，会议提出传感网发展相关政策
2009 年 9 月 14 日	在中国通信业发展高层论坛上，王建宙高调表示：“物联网”商机无限，中国移动将以开放的姿态，与各方竭诚合作
2009 年 10 月 11 日	工业和信息化部部长李毅中在科技日报上发表题为《我国工业和信息化发展的现状与展望》的署名文章，首次公开提及传感网络，并将其上升到战略性新兴产业的高度，指出信息技术的广泛渗透和高度应用将催生出一批新增长点
2009 年 11 月 3 日	温家宝在人民大会堂向首都科技界发表了题为“让科技引领中国可持续发展”的讲话，首度提出发展包括新能源、新材料、生命科学、生命医药、信息网络、海洋工程、地质勘探等七大战略新兴产业的目标，并将“物联网”列入信息网络发展的重要内容，并强调信息网络产业是世界经济复苏的重要驱动力。而在《国家中长期科学与技术发展规划（2006—2020 年）》和“新一代宽带移动无线通信网”重大专项中均将传感网列入重点研究领域

1.8　本章小结

本章主要介绍了物联网的提出、特点、发展历程及国内外的研究现状，重点介绍了物联网的相关概念，帮助读者来认识和了解物联网，由浅入深、循序渐进地学习物联网，让读者能够产生浓厚的兴趣。

习　题

1. 物联网的概念及我国对物联网的定义是什么？
2. 简述物联网提出的原因。
3. 简述物联网与互联网的异同。
4. 简述物联网的特征。
5. 简述物联网在国内外的发展概况。
6. 中国发展物联网有哪些优势？

2　物联网体系架构

2.1　概　述

2.1.1　物联网应用场景

物联网是近年来的热点，人人都在谈论物联网，但物联网到底是什么？究竟能做什么？生活中的物联网应用如图 2-1 所示。本节将对几种与普通用户关系紧密的物联网应用进行介绍。

图 2-1　生活中的物联网

1. 应用场景一

当你早上拿车钥匙出门上班，在计算机旁待命的感应器检测到之后就会通过互联网络自动发起一系列事件，比如通过短信或者喇叭自动播报今天的天气，在计算机上显示快捷通畅的开车路径并估算路上所花时间，同时通过短信或者即时聊天工具告知你的同事你将马上到达等。

2. 应用场景二

想象一下，联网冰箱可以监视冰箱里的食物，在我们去超市的时候，家里的冰箱会告诉我们缺少些什么，也会告诉我们食物什么时候过期。它还可以跟踪常用的美食网站，为你收集食谱并在你的购物单里添加配料。这种冰箱知道你喜欢吃什么东西，依据的是你给每顿饭做出的评分。它可以照顾你的身体，因为它知道什么食物对你有好处。

3. 应用场景三

用户开通了家庭安防业务，可以通过计算机或智能手机等终端远程查看家里的各种环境参数、安全状态和视频监控图像。当网络接入速度较快时，用户可以看到一个以三维立体图像显示的家庭实景图，并且采用警示灯等方式显示危险；用户还可以通过鼠标拖动从不同的视角查看具体情况；在网络接入速度较慢时，用户可以通过一个文本和简单的图示观察家庭安全状态和危险信号。

综上所述，从体系架构角度可以将物联网支持的应用业务分为 3 类。

（1）具备物理世界认知能力的应用。

（2）在网络融合基础上的泛在化应用。

（3）基于应用目标的综合信息服务应用。

2.1.2 物联网需求分析

“物联网”概念的问世，打破了之前的传统思维。在“物联网”时代，钢筋混凝土、电缆将与芯片、宽带整合为统一的基础设施。物联网的本质就是物理世界和数字世界的融合。

物联网是为了打破地域限制，实现物物之间按需进行的信息获取、传递、存储、融合、使用等服务的网络。因此，物联网应该具备如下 3 个能力：全面感知、可靠传递、智能处理。

1. 全面感知

利用 RFID、传感器、二维码等随时随地获取物体的信息，包括用户位置、周边环境、个体喜好、身体状况、情绪、环境温度、湿度，以及用户业务感受、网络状态等。

2. 可靠传递

通过各种网络融合、业务融合、终端融合、运营管理融合，将物体的信息实时准确地传递出去。

3. 智能处理

利用云计算、模糊识别等各种智能计算技术，对海量数据和信息进行分析和处理，对物体进行实时智能化控制。

2.1.3 物联网体系架构

目前，在业界，物联网体系架构大致被公认为有这三个层次：底层是用来感知数据的感知层，第二层是数据传输的网络层，最上面则是内容应用层。物联网的三层结构如图 2-2 所示。

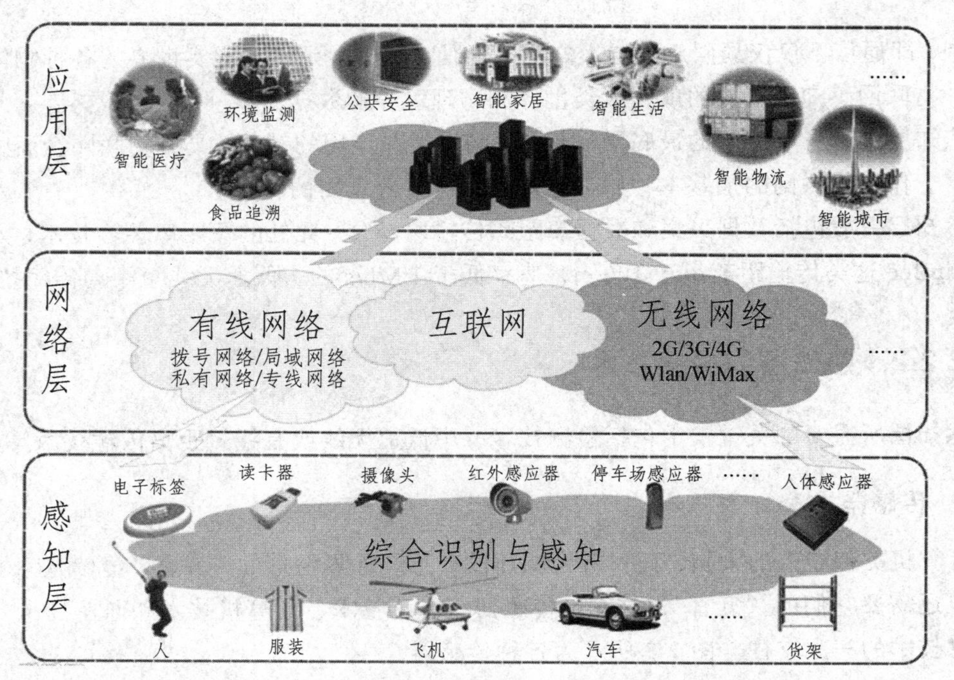

图 2-2　物联网体系架构

（1）感知层是物联网的皮肤和五官——识别物体、采集信息。

感知层包括二维码标签和识读器、RFID 标签和读写器、摄像头、GPS 等，主要作用是识别物体、采集信息，与人体结构中皮肤和五官的作用相似。

（2）网络层是物联网的神经中枢和大脑——信息传递和处理。

网络层包括通信与互联网融合的网络、网络管理中心和信息处理中心等。网络层将感知层获取的信息进行传递和处理，类似于人体结构中的神经中枢和大脑。

（3）应用层是物联网的"社会分工"——与行业需求结合，实现广泛智能化。

应用层是物联网与行业专业技术的深度融合，与行业需求结合，实现行业智能化。这类似于人的社会分工，最终构成人类社会。

2.2　感知层

感知层用于解决对客观世界的数据获取问题，目的是形成对客观世界的全面感知和识别。物联网和传统网络的主要区别在于是物联网扩大了网络的通信范围，即物联网不仅仅局限于人与人之间的通信，还扩展到人与物、物与物之间的通信。本节将针对在物联网具体实现的过程中，如何完成对物的感知这一关键环节，对感知层及其关键技术进行介绍。

2.2.1　感知层功能

物联网在传统网络的基础上，从原有网络用户终端向"下"延伸和扩展，扩大通信的对象范围，即通信不仅仅局限于人与人之间的通信，还扩展到人与现实世界的各种物体之间的通信。物联网感知层解决的就是人类世界和物理世界的数据获取问题。

感知层处于三层架构的最底层，是物联网发展和应用的基础，具有物联网全面感知的核心能力。作为物联网的最基本一层，感知层具有十分重要的作用。

感知层一般包括数据采集和数据短距离传输两部分。此处的短距离传输技术，尤指像蓝牙、ZigBee 这类传输距离小于 100 m，速率低于 1 Mb/s 的中低速无线短距离传输技术。

2.2.2 感知层的关键技术

感知层所需要的关键技术包括检测技术、中低速无线或有线短距离传输技术等。

1. 传感器技术

计算机类似于人的大脑，而仅有大脑而没有感知外界信息的“五官”显然是不够的，计算机也还需要它们的“五官”，这就是传感器。传感技术、计算机技术和通信技术一起被称为信息技术的三大支柱。图 2-3 所示为各种传感器。

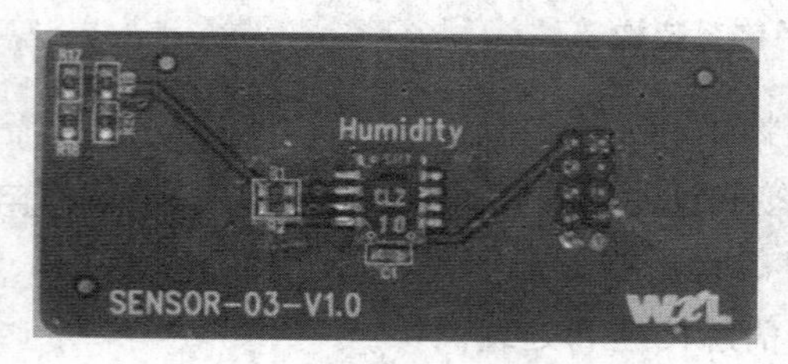

（a）高精度温湿度传感器

（b）可调 LED 灯光传感器

（c）超声波传感器

（d）继电器模块传感器

图 2-3 传感器模块

在物联网系统中，对各种参量进行信息采集和简单加工处理的设备，被称为物联网传感器。传感器是一种检测装置，能感受到被测的信息，并能将检测到的信息按一定规律变换成电信号或其他所需形式的信息输出，以满足信息的传输、处理、存储、显示、记录和控制等要求。传感器可以独立存在，也可以与其他设备以一体的方式呈现，但无论哪种方式，它都是物联网中的感知输入部分。在未来的物联网中，传感器及其组成的传感器网络将在数据采集前端发挥重要的作用。

传感器分类依据：物理量、工作原理、输出信号的性质。或是分为智能传感器与一般传感器。

传感器是摄取信息的关键器件，它是物联网中不可缺少的信息采集手段；也是采用微电子技术改造传统产业的重要方法。它对提高经济效益、科学研究和生产技术水平有着非常重要的作用。传感器水平的高低不但直接影响信息技术水平，而且影响信息技术的发展与应用。目前，传感器技术已经渗透到科学和国民经济的各个领域，在工农业生产、科学研究及改善人民生活等方面起着越来越重要的作用。

2. RFID 技术

RFID 是射频识别（Radio Frequency Identification）的英文缩写，是 20 世纪 90 年代开始兴起的一种自动识别技术。它利用射频信号通过空间电磁耦合实现无接触信息传递并通过所传递的信息实现物体识别。

RFID 是一种能够让物品“开口说话”的技术，也是物联网感知层的一个关键技术。在对物联网的构想中，RFID 标签中存储着规范而具有互用性的信息，通过有线或无线的方式把它们自动采集到中央信息系统，实现物品（商品）的识别，进而通过开放式的计算机网络实现信息交换和共享，实现对物品的“透明”管理。

RFID 系统的组成包括电子标签（Tag）、读写器（Reader）、天线（Antenna）。

RFID 技术的工作原理：电子标签进入读写器产生的磁场后，读写器发出射频信号，凭借感应电流所获得的能量发送出存储在芯片中的产品信息（无源标签或被动标签），或者主动发送某一频率的信号（有源标签或主动标签），读写器读取信息并解码后，送至中央信息系统进行有关数据处理。

3. 微机电系统

微机电系统（Micro-Electro Mechanical Systems，MEMS）是指利用大规模集成电路制造工艺，经过微米级加工，得到的集微型传感器、执行器以及信号处理和控制电路、接口电路、通信和电源于一体的微型机电系统。MEMS 技术属于物联网的信息采集层技术。

MEMS 技术近年来的快速发展为传感器节点的智能化、微型化、低功率化创造了优越的条件，在全球范围内形成了庞大的规模市场。近年来更是出现了集成度高的纳米机电系统（Nano-Electro Mechanical System，NEMS），具有微型化、智能化、多功能、高集成度及大批量生产等特点。

4. 条码技术

条码技术是在计算机应用和实践中产生并发展起来的一种技术。它广泛应用于商业、邮政、图书管理、仓储、工业生产过程控制、交通等领域，是一种自动识别技术，具有输入速度快、准确度高、成本低、可靠性强等优点，在当今的自动识别技术中占有重要的地位。

6 901234 000016

图 2-4 一维条形码

一维条形码是由一组规则排列的条、空以及对应的字符组成的标记，如图 2-4 所示。“条”指对光线反射率较低的部分，“空”指对光线反射率较高的部分，这些条和空组成的数据表达一定的信息，并能够用特定的设备识读，转换成与计算机兼容的二进制和十进制信息。

二维码，如图 2-5 所示。最早发明于日本，它是用某种特定的几何图形按一定规律在平面（二维方向上）分布的黑白相间的图形记录数据符号信息的，在代码编制上巧妙地利用构成计算机内部逻辑基础的“0”“1”比特流的概念，使用若干个与二进制相对应的几何形体来表示文字数值信息，通过图像输入设备或光电扫描设备自动识读以实现信息自动处理。

图 2-5　二维码

二维码和一维码的区别如表 2-1 所示。

表 2-1　二维码和一维码的区别

项　目	类　型	
	一维码	二维码
外观	由纵向黑白条纹组成，通过黑白相间的平行线条不同的间距来存储信息	通常为方形结构，通过大大小小不同的黑白的点阵来存储信息
容量	容量小，只能保存 30 个字符	容量大，最多 1 817 个字符
编码范围	只支持字母和数字	支持多种符号、文字，以及图片、声音等
容错能力	只能校验而无纠错能力，局部损坏时无法正常读取	容错能力强，具有纠错能力，损毁面积达50%仍可恢复信息
信息存储	仅能存储基本名称无法存储具体信息	可作为信息查询的媒介，同时本身比一维码能存储更多信息

5. 生物识别技术

（1）声音识别技术。

声音识别是一种非接触的识别技术，用户可以很自然地接受。这种技术可以用声音指令实现“不用手”的数据采集，其最大特点就是不用手和眼睛，这对那些采集数据同时还要完成手脚并用的工作场合尤为适用。目前由于声音识别技术的迅速发展以及高效可靠的应用软件的开发，使声音识别系统在很多方面得到了应用。图 2-6 所示为使用手机进行声音识别的例子。

图 2-6　声音识别技术

（2）人脸识别。

人脸识别，特指利用分析比较人脸视觉特征信息进行身份鉴别的计算机技术。人脸识别是热门的计算机技术研究领域。它能实现人脸追踪侦测、自动调整影像放大、夜间红外侦测、自动调整曝光强度等。它属于生物特征识别技术，是利用生物体（一般特指人）本身的生物特征来区分生物体个体。图 2-7 是常用的人脸识别考勤系统。

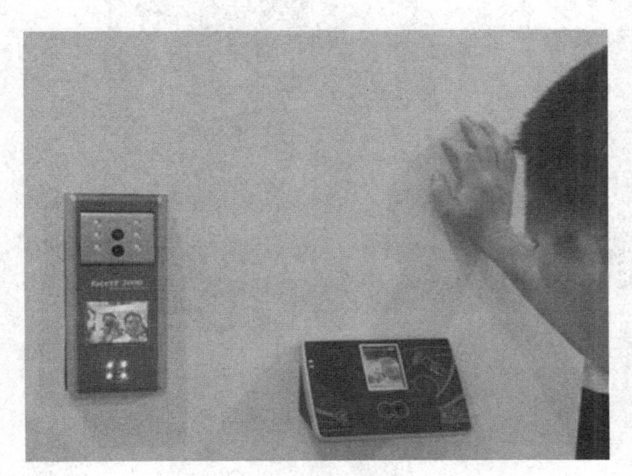

图 2-7　人脸识别技术

（3）指纹识别。

指纹是指人的手指末端正面皮肤上凸凹不平产生的纹线。纹线有规律的排列形成不同的纹型。纹线的起点、终点、结合点和分叉点，称为指纹的细节特征点（minutiae）。图 2-8 是使用指纹识别技术的例子。

图 2-8　指纹识别技术

由于指纹具有终身不变性、唯一性和方便性，几乎成为生物特征识别的代名词。

掌纹识别即指通过比较不同手掌掌纹的细节特征点来进行自动识别。由于每个人的掌纹不同，就是同一个人的十指之间，指纹也有明显区别，因此掌纹可用于身份的自动识别。图 2-9 是一种掌纹识别设备。

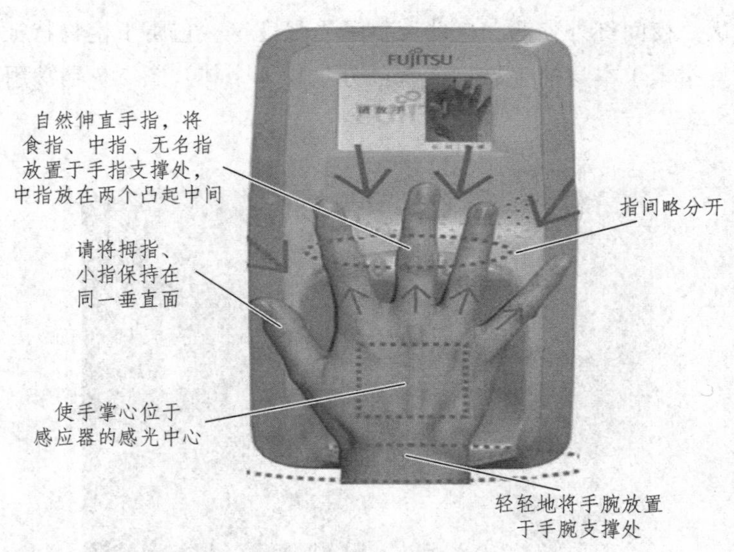

图 2-9　掌纹识别技术

2.3　网络层

网络层位于感知控制层和应用服务层的中间，主要负责两层之间的数据传输。感知控制层采集的数据需要经过通信网络传输到数据中心、控制服务器处进行存储或处理。网络传输层就是利用公网或者专网，以无线或有线的通信方式，提供信息传输的通路。

2.3.1　网络层功能

物联网网络传输层是建立在现有的移动通信网和互联网基础上。物联网通过各种接入设备接入移动通信网和互联网相连，比如手机支付系统中由刷卡设备将内置的 RFID 信息采集上传到互联网，网络层传输完成后由应用服务层鉴权认证并从银行网络划账。网络传输层主要承担着数据传输的功能，此外，也可以进行信息存储查询和网络管理等功能，比如对数据信息安全及传输服务质量进行管理。

在物联网中，我们要求网络层能够把感知层感知到的数据无障碍、高可靠性、高安全性地进行传送。网络层解决的是感知层所获得的数据在一定范围内，尤其是远距离地传输的问题。

物联网网络传输层与目前主流的移动通信网、互联网、企业内部各类专网等网络一样，主要负责数据传输的功能。当互联网、电信网络和广电网络三网融合后，有线电视网也同样承担着数据传输的功能。通信网络按照地理范围从小到大分为体域网、个域网、局域网、城域网和广域网。

1. **体域网**

体域网（Body Area Network，BAN），是附着在人体身上的一种网络。它由一套小巧可移动、具有通信功能的传感器和一个身体主站（或称体域网协调器）组成。每个传感器既可佩戴在身上，也可植入体内。协调器是网络的管理器，也是体域网和外部网络（如 3G、WiMAX、Wi-Fi 等）之间的网关，使数据能够安全地传送和交换。由于这些传感器通过无线技术进行通信，所以体域网也叫无线体域网（WBAN）。

图 2-10 是体域网的示意图。

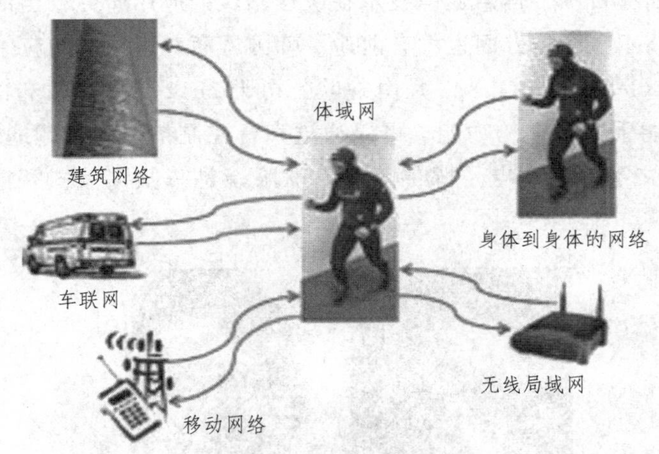

图 2-10　体域网

体域网是一种可长期监视和记录人体健康信号的基础技术。早期体域网主要是用来连续监视和记录慢性病（如糖尿病、哮喘病和心脏病等）患者的健康参数，提供某种方式的自动疗法控制。例如，对于某糖尿病患者，一旦他的胰岛素水平下降，他身上的体域网马上可以激活一个泵，自动为患者注射胰岛素，使患者不用医生也能把胰岛素控制在正常水平。体域网未来还可广泛应用于消费者电子、娱乐、运动、环境智能、畜牧、泛在计算、军事或安全等领域。不仅如此，眼前仍停留在科幻小说之中的所谓“智慧尘埃”（具有处理能力和无线通信能力的显微镜器件）将来也完全有可能出现在体域网中。体域网在国际上已经得到了广泛研究，包括医疗技术提供商、医院、保险公司以及工业界的各方人士正在开展战略性合作；但目前仍处在早期阶段，在毫瓦级网络能耗、互操作性、系统设备、安全性、传感器验证、数据一致性等方面面临一系列挑战。IEEE802.15 任务组 6 正在制定的体域网通信标准有望在几年内完成。这种技术一旦被接纳采用，将在医疗保健方面取得重大突破。

体域网虽然是覆盖面最小的网络，但却是惠及面极广的网络。截至 2015 年底，我国老年人口已达 2.22 亿，占总人口的 16.1%。我国是世界老年人口最多的国家，占全球老年人口总量的五分之一。老年人为国家、为人民作出了巨大贡献。作为一种回报，我们应该让体域网这种先进技术服务于我国老年人的医疗保健。与此同时，在某种程度上体域网的应用还可以缓解医院拥挤、看病难的问题，以及助推远程医疗等构想的真正实施。从商业角度看，体域网在我国也必定具有广泛的用途和巨大的潜在市场。

体域网是以人体周围的设备，例如随身携带的手表、手机以及人体内部设备等为对象的无线通信专用系统。目前，体域网所使用的频带尚未确定，但 400 MHz 频带以及 600 MHz 频带已被列入议程。

专家认为，体域网技术将在医疗中得到广泛应用。近年来，随着微电子技术的发展，可穿戴、可植入、可侵入的服务于人的健康监护设备已经出现。如穿戴于指尖的血氧传感器、腕表型血糖传感器、腕表型睡眠品质测量器、睡眠生理检查器、可植入型身份识别组件等。假如没有体域网，这些传感器和促动器都只能独立工作，须要自带通信部件，因此通信资源不能有效利用。目前在日本，信息通信技术在医疗领域的应用研究相当活跃。

此外，体域网技术在音乐方面也大有前途，韩国厂商对该领域的应用表现出强烈兴趣。

谷歌眼镜（Google Project Glass）是由谷歌公司于 2012 年 4 月发布的一款“增强现实”眼镜，它具有和智能手机一样的功能，可以通过声音控制拍照、视频通话和辨明方向，以及上网冲浪、处理文字信息和电子邮件等。谷歌眼镜是一款穿戴式智能眼镜，如图 2-11 所示。

图 2-11　谷歌眼镜

2. 个域网

无线个域网（Wireless Personal Area Network，WPAN）是为实现活动半径小、业务类型丰富、面向特定群体、无线无缝连接而提出的无线通信网络技术。无线个域网能够有效地解决“最后的几米电缆”的问题。

无线个域网是一种与无线广域网（WWAN）、无线城域网（WMAN）、无线局域网（WLAN）并列但覆盖范围相对较小的无线网络。在网络构成上，无线个域网位于整个网络链的末端，用于实现同一地点终端之间的连接，如手机和蓝牙耳机之间的连接等。无线个域网所覆盖的范围一般在 10 m 以内，必须在许可的无线频段内运行。无线个域网设备具有价格便宜、体积小、易操作和功耗低等优点。其中 IEEE 组织对无线个域网的规范标准主要集中在 802.15 系列。

3. 局域网

局域网（Local Area Network，LAN）是指在某一区域内由多台计算机互连成的计算机组，一般范围在几千米以内。包括有线方式（以太网）和无线方式（Wi-Fi）。局域网可以实现文件管理、应用软件共享、打印机共享、工作组内的日程安排、电子邮件和传真通信服务等功能。在物联网中，局域网多数情况下主要负责传感器网络和互联网络之间的接入。

4. 城域网

城域网（Metropolitan Area Network，MAN）是在一个城市范围内所建立的计算机通信网。

5. 广域网

广域网（WAN，Wide Area Network）也称远程网（Long Haul Network）。广域网通常跨接很大的物理范围，距离从几十千米到几千千米，它能连接多个城市或不同国家，也能横跨几个洲提供远距离通信，形成国际性的网络。广域网的通信子网主要使用分组交换技术。广域网的通信子网可以利用公用分组交换网、卫星通信网和无线分组交换网等。

2.3.2 网络层的关键技术

根据物联网构成的特点，网络传输层主要采用的技术为无线网络技术。物联网网络传输层的关键技术主要有两大类：短距离无线传输和长距离无线传输。

1. 短距离无线传输

（1）ZigBee 技术。

ZigBee 是一种短距离、低功耗的无线传输技术，是一种介于无线标记技术和蓝牙之间的技术，它是 IEEE 802.15.4 协议的代名词。ZigBee 采用分组交换和跳频技术，并且可使用 3 个频段，分别是 2.4 GHz 的公共通用频段、欧洲的 868 MHz 频段和美国的 915 MHz 频段。

ZigBee 的技术特点：数据传输速率低、成本低、网络容量大、有效范围小、工作频段灵活、可靠性高、时延短及安全性高。

ZigBee 广泛应用于数据采集系统。这些系统一般要求网络具备健壮的、安全的、低功耗的特性。这些要求 ZigBee 都可以很好地满足。ZigBee 常用的领域有：无线传感器网络、小范围无线采集、路灯控制、家庭和商业建筑自动化、玩具和游戏外围设备、家庭网络、工业系统、遥感勘测等领域。

（2）蓝牙（Bluetooth）。

蓝牙是一种无线数据与话音通信的开放性全球规范，和 ZigBee 一样，它是一种短距离的无线传输技术。蓝牙采用高速跳频（Frequency Hopping）和时分多址（Time Division Multiple Access，TDMA）等先进技术，支持点对点及点对多点通信。

蓝牙的技术特点如下。

① 同时可传输话音和数据。

② 可以建立临时性的对等连接（Ad hoc Connection）。

③ 开放的接口标准。

蓝牙的应用：话音/数据接入、外围设备互连、个人局域网。

（3）Wi-Fi（WLAN）。

无线网络是一种能够将个人计算机、手持设备（如 pad、手机）等终端以无线方式互相连接的技术。Wi-Fi 是一个无线网络通信技术的品牌，是当今使用最广的一种无线网络传输技术。实际上就是把有线网络信号转换成无线信号，在有 Wi-Fi 无线信号的时候就可以不通过移动/联通的网络上网。

（4）WiMAX。

WiMAX（Worldwide Interoperability for Microwave Access），即全球微波互连接入。WiMAX 也叫无线城域网或 802.16。WiMAX 是一项新兴的宽带无线接入技术，能提供面向互联网的高速连接，数据传输距离最远可达 50 km。WiMAX 还具有 QoS 保障、传输速率高、业务丰富多样等优点。WiMAX 的技术起点较高，采用了代表未来通信技术发展方向的 OFDM/OFDMA、AAS、MIMO 等先进技术。随着技术标准的发展，WiMAX 逐步实现宽带业务的移动化，而 3G/4G 则实现移动业务的宽带化，两种网络的融合程度会越来越高。

2. 长距离无线传输

（1）2G 网络（GPRS、GSM）。

2G，第二代移动通信技术规格，一般无法直接传送电子邮件、软件等信息；只具有通话和一些如时间日期等传送功能的手机通信技术规格。不过手机短信在它的某些规格中能够被执行。它在美国通常称为“个人通信服务”（PCS）。

2G 技术分为两种，一种是基于 TDMA 所发展出来的，以 GSM 为代表；另一种则是 CDMA 规格。

（2）3G 网络（WCDMA、TD-SCDMA、CDMA2000）。

3G 是第三代移动通信技术，是指支持高速数据传输的蜂窝移动通信技术。3G 服务能够同时传输声音及数据信息，速率一般在几百 kb/s 以上。3G 是指将无线通信与国际互联网等多媒体通信结合的新一代移动通信系统，目前 3G 存在 3 种标准：CDMA2000、WCDMA、TD-SCDMA。

中国国内支持国际电联确定的三个无线接口标准，分别是中国电信的 CDMA2000，中国联通的 WCDMA，中国移动的 TD-SCDMA。GSM 设备采用的是时分多址；而 CDMA 使用码分扩频技术，先进功率和话音激活可提供大于 GSM 3 倍的网络容量。

（3）4G 网络（TD-LTE）。

第四代移动通信标准（4G）。该技术包括 TD-LTE 和 FDD-LTE 两种制式。4G 集 3G 与 WLAN 于一体，能够快速传输数据、音频、视频和图像等。4G 能够以 100 Mb/s 以上的速度下载，比目前的家用宽带 ADSL 带宽（4 Mb/s）快 25 倍，并能够满足几乎所有用户对于无线服务的要求。此外，4G 可以在 DSL 和有线电视调制解调器没有覆盖的地方部署，然后再扩展到整个地区。很明显，4G 有着不可比拟的优越性。

2.4 应用层

物联网的应用服务层是物联网发展的驱动力和目的。物联网的最终目的是把感知和传输来的信息更好地利用，甚至有学者认为，物联网本身就是一种应用，可见应用在物联网中的地位。

在产业链中，通信网络运营商将在物联网中占据重要地位。而高速发展的云平台又是物联网发展的又一大动力。云计算平台作为海量感知数据的存储和分析平台，将是物联网应用服务层的重要组成部分，也是应用层众多应用的基础。

2.4.1 应用层功能

应用层的主要功能是把感知和传输来的信息进行分析和处理，做出正确的控制和决策，实现智能化的管理、应用和服务。这一层解决的是信息处理和人-机界面的问题。

具体地说，应用层是将网络层传输来的数据通过各类信息系统进行处理，并通过各种设备与人交互。这一层也可按形态直观地划分为两个子层：应用程序层和终端设备层。

（1）应用程序层进行数据处理。

应用程序层完成跨行业、跨应用、跨系统之间的信息协同、共享和互通的功能。包括电力、医疗、银行、交通、环保、物流、工业、农业、城市管理、家居生活等，可用于政府、企业、社会组织、家庭及个人等，这也正是物联网作为深度信息化网络的重要体现。

（2）终端设备层主要是提供人-机交互界面。

物联网尽管要实现物物相连，但仍需要人的操作和控制，不过这里的人-机界面已远远超出现在人与计算机交互的概念，而是泛指各种设备与人的交互。

2.4.2 应用层关键技术

物联网的应用服务层能够为用户提供丰富多彩的业务体验。然而，如何合理高效地处理从网络层传来的海量数据，并从中提取有效信息，是物联网应用层要解决的一个关键问题。这一层的关键技术主要有 M2M、云计算、人工智能、数据挖掘、中间件。

1. M2M

物联网核心的一部分是 M2M（Machine to Machine），就是让机器之间实现互连互通。当前各种设备都是孤立的，不具备联网和通信功能，我们就需要在这些设备里嵌入通信模块，将设备中采集的数据和运营状况通过系统传递到后台。这样，就能够实现人们对设备的运营管理和监控。据统计，机器的数量是人类数量的 4～6 倍，下一个发展的通信领域就是 M2M。

狭义上 M2M 就是机器与机器的对话。但广义上 M2M 可代表机器对机器、人对机器、机器对人、移动网络对机器的连接与通信。M2M 涵盖了所有在人、机器、系统之间建立通信连接的技术和手段。

M2M 是一种理念，是所有增强机器设备和网络通信能力的技术的总称。人与人之间的很多沟通也是通过机器实现的，例如通过手机、电话、计算机、传真机等机器设备之间的通信来实现人与人之间的沟通。另外一类技术是专为机器和机器建立通信而设计的，如许多智能化仪器仪表都带有 RS-232 接口和通用接口总线（GPIB）通信接口，增强了仪器与仪器之间，仪器与计算机之间的通信能力。目前，绝大多数的机器和传感器不具备本地或者远程通信和联网能力。

M2M 技术的目标就是使所有机器设备都具备联网和通信能力，其核心理念就是网络一切（Network Everything）。

M2M 应用举例如下。

不远处有一家医院，新生儿病房很早就让一些早产儿出院了。不过即使离开医院，医生依然可以实时监控这些早产儿的状况。医生们在婴儿脚部安装了监控器，获得的数据通过移动通信网络传输给医生。显然，这种系统无论在人性化方面还是在节省社会资源方面，都有非常大的优势。

2. 云计算

云计算（Cloud Computing）是分布式计算（Distributed Computing）、并行计算（Parallel Computing）和网格计算（Grid Computing）的发展，是这些计算机科学概念的商业实现。

用户可以在多种场合，利用各类终端，通过互联网接入云计算平台来共享资源。

3. 人工智能

人工智能（Artificial Intelligence，AI）是探索研究使各种机器模拟人的某些思维过程和智能行为（如学习、推理、思考、规划等），使人类的智能得以物化与延伸的一门学科。

在物联网中，人工智能技术主要负责分析物品所承载的信息内容，从而实现计算机自动处理。

4. 数据挖掘

数据挖掘（Data Mining）是从大量的、不完全的、有噪声的、模糊的及随机的实际应用数据中，挖掘出隐含的、未知的、对决策有潜在价值的数据的过程。

在物联网中，数据挖掘只是一个代表性概念，它是一些能够实现物联网“智能化”“智慧化”的分析技术和应用的统称。

5. 中间件

中间件是为了实现每个小的应用环境或系统的标准化以及它们之间的通信，在后台应用软件和读写器之间设置的一个通用的平台和接口。

物联网中间件的主要作用在于将实体对象转换为信息环境下的虚拟对象，因此数据处理是中间件最重要的功能。

2.5 本章小结

本章主要对物联网体系架构进行了深刻的剖析，从感知层、网络层、应用层三层结构分别进行了介绍。通过介绍各层的关键技术和它们在物联网中的功能，再加上物联网各层的一些相关应用，能帮助读者更好地理解和学习物联网。

习 题

1. 简述物联网的体系结构及各层的功能。
2. 物联网技术中，感知技术包括哪些内容？
3. 物联网体系结构中关键技术有哪些？
4. 列举现实生活中你知道的有关物联网的一些应用实例。
5. 物联网面临哪些方面的挑战？谈谈自己的看法。

3　二维码技术

3.1　条形码简介

3.1.1　一维条形码的定义

一维码：只在一个方向（一般是水平方向）表达信息，而在垂直方向则不表达任何信息。一维码的应用目前已经非常广泛，如资产编号、布料批号等，如图 3-1 所示。

一维码的优点是：可以提高信息录入的速度，减少差错率。

但是一维条形码也存在一些不足之处。

（1）数据容量较小：30 个字符左右。

（2）只能包含字母和数字。

（3）条形码尺寸相对较大（空间利用率较低）。

（4）条形码损坏后便不能阅读。

由于一维码存在以上一些不足，所以就有了二维码的出现。

图 3-1　商品条形码

图 3-2　二维码

3.1.2　二维码的定义

二维码：最早起源于日本，它是用特定的几何图形按一定规律在平面（二维方向）上分布的黑白相间的图形，是所有信息数据的一把钥匙，如图 3-2 所示。

3.2 二维码类型

目前市场上有较多的二维码编码标准，根据编码原理主要分为线性堆叠式和矩阵式两种。

1. 线性堆叠式二维条码（2D Stacked Bar Code）

线性堆叠式：在一维条码基础上开发。

有代表性的行排式二维条码有：Code 16K、Code 49、PDF417（见图 3-3）等。

图 3-3　PDF417 码

线性堆叠式二维条码，又称行排式二维条码、堆积式二维条码或层排式二维条码，其编码原理是建立在一维条码基础之上，按需要堆积成两行或多行。

2. 矩阵式二维条码（2D Matrix Bar Code）

矩阵式二维条码，又称棋盘式二维条码，是在一个矩形空间通过黑、白像素在矩阵中的不同分布进行编码。有代表性的矩阵式二维条码有：QR Code、Data Matrix 等。中国移动采用 QR 码，如图 3-4 所示。

图 3-4　QR 码

3.2.1　行排式二维条码

3.2.1.1　PDF417 条码

PDF417（Portable Data File）条码是由留美华人王寅君（音）博士发明的。因为组成条码的每一符号都是由 4 个条和 4 个空共 17 个模块构成，所以称为 PDF417 条码。

PDF417 是一种多层、可变长度 、具有高容量和纠错能力的二维条码。每一个 PDF417 符号可以表示 1 100 个字节，或 1 800 个 ASCⅡ字符，或 2 700 个数字的信息。

（1）层与符号字符（Row and Symbol Character）。

每一个 PDF417 条码符号均由多层堆积而成，其层数为 3 ~ 90。

（2）簇（Cluster）。

PDF417 的字符集可分为三个相互独立的子集，即三个簇。

（3）错误纠正码词（Error Correction Codeword）。

PDF417 的纠错等级分为 9 级，级别越高，纠正能力越强。由于具备这种纠错功能，使得污损的 PDF417 条码也可以被正确识读。

（4）数据组合模式（Data Compaction Mode）。

PDF417 提供了三种数据组合模式，每一种模式定义一种数据序列与码词序列之间的转换方法。三种模式为：文本组合模式（Text Compaction，Mode-TC）、字节组合模式（Byte Compaction，Mode-BC）、数字组合模式（Numeric Compaction，Mode-NC）。

（5）全球标签标识符（Global Label Identifier-GLI）。

一个 GLI 是一个特殊的符号字符，它可激活一组解释，GLI 的应用使 PDF417 可以表示国际语言集，以及工业或用户定义的字符集。

（6）宏 PDF417。

这种机制可以把一个 PDF417 符号无法表示的大文件分成多个 PDF417 符号来表示。宏 PDF417 包含了一些附加控制信息来支持文件的分块表示，译码器利用这些信息来正确组合和检查所表示的文件，不必担心符号的识读次序。

（7）PDF417 其他特性及其变体。

这种压缩版本减少了非数据符的数量，但却以降低其坚固性、抗噪声、损伤、污染等能力为代价。截短 PDF417 条码与普通 PDF417 完全兼容。

1. PDF417 条码的特性

PDF417 条码的具体特性如表 3-1 所示。

表 3-1　PDF417 条码的特性

项　目	特　性
可编码字符集	全 ASCII 码字符或 8 位二进制数据，可表示汉字
类　型	连续、多层
字符自校验功能	有
符号尺寸	可变，高度 3 到 90 行，宽度 90 到 583 个模块宽度
双向可读	是
错误纠正码词数	2 到 512 个
最大数据容量（纠正错误级别为 0 时）	1 850 个文本字符，或 2 710 个数字，或 1 108 个字节
附加属性	可选择纠错级别、可跨行扫描、宏 PDF417 条码、全球标记标识符等

2. PDF417 符号结构

每一个 PDF417 符号由空白区包围的一个序列层组成。

每一层包括：① 左空白区；② 起始符；③ 左层指示符号字符；④ 1 到 30 个数据符号字符；⑤ 右层指示符号字符；⑥ 终止符；⑦ 右空白区。具体情况如图 3-5 所示。

图 3-5　PDF417 符号结构

3. PDF417 符号字符的结构

每一个符号字符包括 4 个条和 4 个空，每一个条或空由 1～6 个模块组成。在一个符号字符中，4 个条和 4 个空的总模块数为 17，如图 3-6 所示。

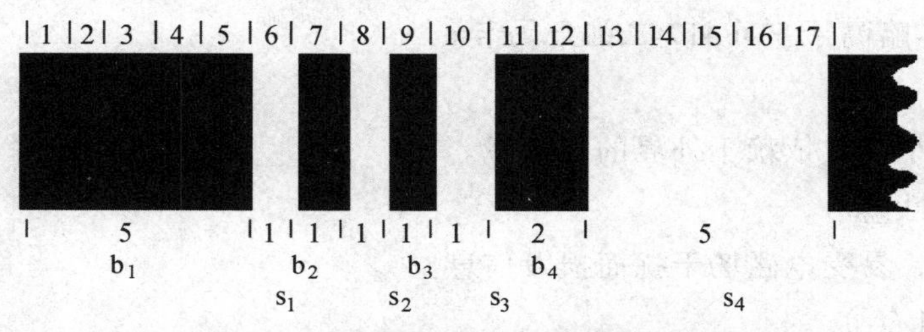

图 3-6　PDF417 符号字符的结构

4. PDF417 条码的特点

PDF417 条码是一种高密度、高信息含量的便携式数据文件。它是实现证件及卡片等大容量、高可靠性信息自动存储、携带，并可用机器自动识读的理想技术手段。

（1）信息容量大。

根据不同的条空比例在 6.45 cm^2 的面积内可以容纳 250 到 1 100 个字符。在国际标准的证卡有效面积上（相当于信用卡面积的 2/3，约为 76 mm × 25 mm），PDF417 条码可以容纳 1 848 个字母字符或 2 729 个数字字符，约 500 个汉字信息。这种二维条码比普通条码信息容量高几十倍。

（2）编码范围广。

PDF417 条码可以将照片、指纹、掌纹、签字、声音、文字等可数字化的信息进行编码。

（3）保密、防伪性能好。

PDF417 条码具有多重防伪特性，它可以采用密码防伪、软件加密及利用所包含的信息如指纹、照片等进行防伪，因此具有极强的保密防伪性能。

（4）译码可靠性高。

普通条码的译码错误率约为百万分之二左右，而 PDF417 条码的误码率不超过千万分之一，译码可靠性极高。

（5）修正错误能力强。

PDF417 条码采用了世界上最先进的数学纠错理论，如果破损面积小于 50%，条码由于污渍、破损等丢失的信息，PDF417 可以照常破译出丢失的信息。

（6）容易制作且成本很低。

利用现有的点阵、激光、喷墨、热敏/热转印、制卡机等打印技术，即可在纸张、卡片、PVC、甚至金属表面上印出 PDF417 二维条码。由此所增加的费用仅是油墨的成本，因此人们又称 PDF417 是“零成本”技术。

（7）条码符号的形状可变。

同样的信息量，PDF417 条码的形状可以根据载体面积及美工设计等进行自我调整。

5. PDF417 二维条码与其他识别技术的比较

1）磁　卡

（1）优点。

可读写，成本略高于 PDF417 二维条码卡。

（2）缺点。

① 信息容量小，常依赖于外界的数据库。

② 保密防伪性差。

③ 可靠性低，易受电磁场干扰而损毁信息。

④ 寿命短（1 年）。

2）IC 卡

（1）优点。

信息容量大，可读写。

（2）缺点。

① 成本高，IC 卡的成本通常是 PDF417 条码卡的 3～5 倍。

② 寿命短（2～3 年），易于折损。

③ 可靠性差，易受外界强磁场干扰而损毁信息。

④ 保密防伪性相对较差，信息可改写既是 IC 卡的优点，同时也成为 IC 卡的缺点，为伪造信息留下漏洞。

3）条码卡

（1）优点。

① 信息容量大、保密防伪性强、可靠性高。

② 成本低，按照选用不同载体的材料，可以实现很低的成本。

③ 寿命长（可达 8、9 年）。

（2）缺点。

信息不可改写。这点增强了二维条码卡的防伪能力。

通过上述分析，可以看出，二维条码卡几乎包括了磁卡和 IC 卡的所有优点，唯一的缺点是不可改写。如果为了增强证卡的保密防伪性，对于证照等不需经常改写的应用场合，信息不可改写反而增强了证卡的保密防伪性能。

4）RFID 标签

（1）优点。

信息容量大、内容可读写、抗污染能力强。

（2）缺点。

在零售业应用中，标签的读取容易受干扰（如金属、液体等）；制作成本比条码高。

6. PDF417 条码的标准化现状

二维条码列为中国九五期间的国家重点科技攻关项目。1997 年 12 月国家标准（GB/T 17172—1997）《四一七条码》正式颁布。

自 Symbol 公司 1991 年将 PDF417 作为公开的标准后，PDF417 条码为越来越多的标准化机构所接受。

例如 1994 年被选定为国际自动识别制造商协会（AIM）标准；1996 年美国标准化委员会（ANSI）将 PDF417 作为美国运输包装的纸面 EDI 标准。

1997 年欧洲标准化委员会（CEN）通过了 PDF417 的欧洲标准。

3.2.1.2 Code 49 条码

Code 49 条码是一种多层、连续、可变长度的条码符号，它可以表示全部 128 个 ASCII 字符。每个 Code 49 条码符号由 2 到 8 层组成，每层有 18 个条和 17 个空。层与层之间由一个层分隔条分开。每层包含一个层标识符，最后一层包含表示符号层数的信息。图 3-7 所示为一个 Code 49 条码。

图 3-7 Code 49 条码

Code 49 条码的特性如表 3-2 所示。

表 3-2 Code 49 条码的特性

项目	特性
可编码字符集	全部 128 个 ASCII 字符
类型	连续，多层
每个符号字符单元数	8（4 条，4 空）
每个符号字符模块数	16
符号宽度	81X（包括空白区）
符号高度	可变（2～8 层）
数据容量	2 层符号：9 个数字字母型字符或 15 个数字字符 8 层符号：49 个数字字母型字符或 81 个数字字符
层自校验功能	有
符号校验字符	2 个或 3 个，强制型
双向可译码性	通过层完成
其他特性	工业特定标志，字段分隔符，信息追加，序列符号连接

3.2.1.3 Code 16K 条码

Code 16K 条码是一种多层、连续可变长度的条码符号，可以表示 ASCII 字符集的 128 个字符及扩展 ASCII 字符。它采用 UPC 及 Code128 字符。一个 16 层的 Code 16K 符号，可以表示 77 个 ASCII 字符或 154 个数字字符。Code 16K 通过唯一的起始符/终止符标识层号，通过字符自校验及两个模 107 的校验字符进行错误校验。

图 3-8 Code 16K 条码

图 3-8 所示为一个 Code 16K 条码。

Code 16K 条码的特性如表 3-3 所示。

表 3-3 Code 16K 条码的特性

项 目	特 性
可编码字符集	全部 128 个 ASCII 字符，全 128 个扩展 ASCII 字符
类型	连续，多层
每个符号字符单元数	6（3 条，3 空）
每个符号字符模块数	11
符号宽度	81X（包括空白区）
符号高度	可变（2～16 层）
数据容量	2 层符号：7 个 ASCII 字符或 14 个数字字符 8 层符号：49 个 ASCII 字符或 1 541 个数字字符
层自校验功能	有
符号校验字符	2 个，强制型
双向可译码性	通过层（任意次序）完成
其他特性	工业特定标志，区域分隔符字符，信息追加，序列符号连接，扩展数量长度选择

3.2.2 矩阵式二维条码

3.2.2.1 QR Code 条码

QR Code 是由日本 Denso 公司于 1994 年 9 月研制的一种矩阵式二维条码，如图 3-9 所示。它除具有二维条码所具有的信息容量大、可靠性高、可表示汉字及图像等多种信息、保密防伪性强等优点外，还具有以下特点。

图 3-9 QR Code

（1）超高速识读。

QR Code 码的超高速识读特性，使它适用于工业自动化生产线管理等领域。

（2）全方位识读。

QR Code 具有全方位（360°）识读特点。

（3）能够有效地表示中国汉字、日本汉字。

矩阵式二维条形码是以矩阵的形式组成，在矩阵相应元素位置上，用点（Dot）的出现表示二进制的“1”，不出现表示二进制的“0”，点的排列组合确定了矩阵码所代表的意义。其中点可以是方点、圆点或其他形状的点。矩阵码是建立在计算机图像处理技术、组合编码原理等基础上的图形符号自动辨识的码制，不适合用“条形码”称之。图 3-10 是 QR Code 条码的原理图。

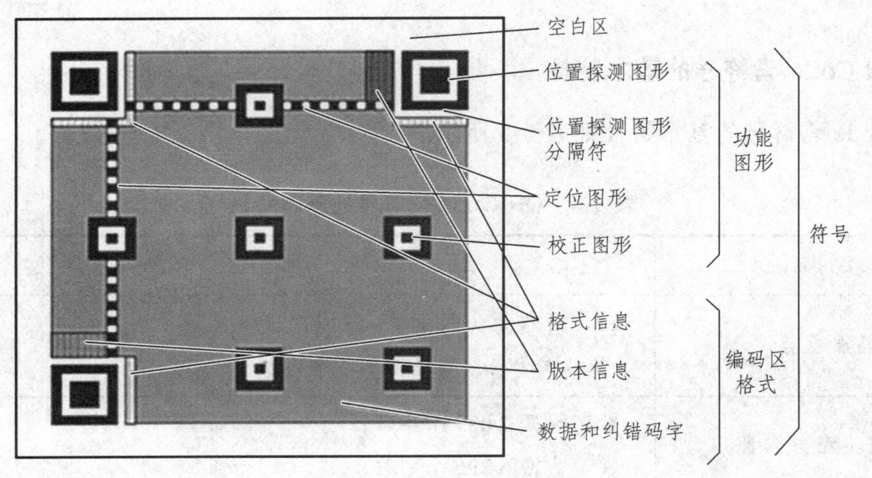

图 3-10 QR Code 原理图

1. QR Code 与 Data Martix 和 PDF 417 的比较

QR Code 与 Data Martix 和 PDF 417 的比较如表 3-4 所示。

表 3-4 QR Code 与 Data Martix 和 PDF 417 的比较

项目	类型		
	QR Code	Data Matrix	PDF417
符号结构			
研制公司	Denso Corp.（日本）	I.D. Matrix Inc.（美国）	Symbol Technologies Inc（美国）
码制分类	矩阵式	矩阵式	行排式
识读速度	30 个/s	2～3 个/s	3 个/s
识读方向	全方位 360°	全方位 360°	±10°
识读方法	深色/浅色模块判别	深色/浅色模块判别	条空宽度尺寸判别
汉字表示	13 bit	16 bit	16 bit

2. QR Code 编码字符集

（1）数字型数据（数字 0 ~ 9）。

（2）字母数字型数据（数字 0 ~ 9；大写字母 A ~ Z；9 个其他字符：space，$，%，*，+，-，.，/，:）。

（3）8 位字节型数据。

（4）日本汉字字符。

（5）中国汉字字符（GB 2312《信息交换用汉字编码字符集-基本集》对应的汉字和非汉字字符）。

3. QR Code 码符号的基本特性

QR Code 码符号的基本特性如表 3-5 所示。

表 3-5　QR Code 码符号的基本特性

项　目	特　性
符号规格	21×21 模块（版本 1）~ 177×177 模块（版本 40） （版本号加 1：每边增加 4 个模块）
数据类型与容量 （指最大规格符号版本 40-L 级）	数字数据 7 089 个字符； 字母数据 4 296 个字符； 8 位字节数据 2 953 个字符； 中国汉字、日本汉字数据 1 817 个字符
数据表示方法	深色模块表示二进制“1”，浅色模块表示二进制“0”
纠错能力	L 级：大约可纠错 7%的数据码字； M 级：大约可纠错 15%的数据码字； Q 级：大约可纠错 25%的数据码字； H 级：大约可纠错 30%的数据码字
结构链接（可选）	可用 1 ~ 16 个 QR Code 条码符号表示
掩模（固有）	可以使符号中深色与浅色模块的比例接近 1∶1，使相邻模块的排列造成译码困难的可能性降为最小
扩充解释（可选）	这种方式使符号可以表示缺省字符集以外的数据（如阿拉伯字符、古斯拉夫字符、希腊字母等），以及其他解释（如用一定的压缩方式表示的数据）或者针对行业特点的需要进行编码
独立定位功能	有

3.2.2.2 Data Matrix 条码

Data Matrix 是一种矩阵式二维条码。它有两种类型，即 ECC000-140 和 ECC200。ECC000-140 具有几种不同等级的卷积纠错功能；而 ECC200 则使用 Reed-Solomon 纠错。

Data Matrix 条码的特性如表 3-6 所示。

表 3-6 Data Matrix 条码的特性

项目	特性
可编码字符集	全部 ASCII 字符及扩展 ASCII 字符
符号宽度	ECC000-140：9～49；ECC200：10～144
符号高度	ECC000-140：9～49；ECC200：10～144
最大数据容量	2 335 个文本字符，3 116 个数字或 1 556 个字节
数据追加	允许一个数据文件使用最多 16 个条码符号表示

除以上特性外，Data Matrix 条码还具有以下附加特性。

（1）反转映像（固有）。

符号在标记时具有随意性，图像可以是在浅色背景上的深色图形，也可以是在深色背景上的浅色图形（见图 3-11）。

（a）ECC140
（浅色背景黑色图形）

（b）ECC200
（浅色背景黑色图形）

（c）ECC200
（深色背景浅色图形）

图 3-11 Data Matrix 编码原理图

（2）扩充解释（仅适用 ECC200，可选）。

这种方式使符号可以表示其他字符集的字符（如阿拉伯字符、古斯拉夫字符、希腊字母、希伯来字符）；以及其他数据解释；或者针对行业特点的需要进行编码。

（3）长方形符号（仅适用 ECC200，可选）。

在长方形符号中指定 6 种符号格式。

（4）结构化追加（仅适用 ECC200，可选）。

允许一个数据文件以多达 16 个 Data Matrix 符号表示。以任意的顺序扫描，能正确地重新连接起来，恢复成原始数据。

图 3-11 所示编码为“A1B2C3D4E5F6G7H8I9J0K1L2”。

每个 Data Matrix 符号由规则排列的方形模块构成的数据区组成。在较大的 ECC200 符号中，数据区由校正图形分隔。数据区的四周由寻像图形包围，寻像图形的四周则由空白区包围。

3.3 手机二维码

手机二维码是二维码技术在手机上的应用。将手机需要访问、使用的信息编码到二维码中，利用手机的摄像头识读，这就是手机二维码，如图 3-12 所示。

图 3-12 手机二维码

二维条码识别应用为用户使用手机上网提供了极大便利，省去了输入网址的麻烦，可一次按键即快速进入自己想看的网页，大大提高了上网的便利性。此外，条码识别应用也为平面媒体、增值服务商和企业提供了一个与用户随时随地沟通的方式。

虽然二维码真正流行还是最近几年的事情，但它并不是一个新技术，早在 2007 年就出现了相关的应用。但由于那时候智能手机的硬件支持并未到位，许多很有创意的二维码项目不得不放弃。

从 2010 年开始，国内二维码市场开始迅速升温，各种应用软件层出不穷，二维码应用已经渗透到餐饮、超市、电影、购物、旅游、汽车等行业。在国外，二维码甚至应用在了啤酒瓶和墓碑上。

3.3.1 手机二维码分类

手机二维码的应用有两种：主读与被读。所谓主读，就是使用者主动读取二维码，手机需要安装扫码软件。被读就是指电子回执之类的应用，比如火车票，电影票，电子优惠券之类。

二维码应用根据业务形态不同分为被读类和主读类两类。

1. 被读类业务

平台将二维码发到用户手机上，用户持手机到现场，通过二维码机具扫描手机进行内容识别，如图 3-13 所示。

图 3-13　二维码被读类业务图

被读类二维码主要应用于以下 6 个领域。

（1）移动订票。

用户在网上商城完成购买并收到二维码作为电子票。

（2）电子 VIP。

二维码作为电子会员卡，通过读取二维码验证身份。

（3）积分兑换。

用户积分兑换后收到二维码，在商家刷手机获取商品。

（4）电子提货券。

二维码替代提货卡，用户到商家刷二维码领取货品。

（5）自助值机。

用户凭手机上的二维码到机场专用机具上值机。

（6）电子访客。

二维码存储访客信息，通过识读机具进行读取保存。

2. 主读类业务

用户在手机上安装二维码客户端，使用手机拍摄并识别媒体、报纸等上面的二维码图片，获取二维码所存储内容并触发相关应用，如图 3-14 所示。

图 3-14　二维码主读类业务图

主读类二维码主要应用于以下 6 个领域。

（1）溯源。

手机对肉类、蔬菜和水果等商品的二维码拍码进行来源查询。

（2）防伪。

手机对商品上的二维码拍码，可连接后台查询真伪。

（3）拍码上网。

二维码替代网址，用户拍摄二维码后即可跳转对应网站。

（4）拍码购物。

二维码存储商品购买链接，拍码并连接后台实现手机购物。

（5）名片识别。

手机对名片上的二维码进行拍码读取所存储的名片信息。

（6）广告发布。

二维码和传统平面广告结合，拍码可浏览和查看详细内容。

3.3.2 常用二维码识别软件

常用的二维码识别软件有很多种，如“我查查二维码”“二维码扫描”“快拍二维码”“二维码扫描器”，等等。

有很多软件也结合了二维码来交换信息，如“新浪微博”“微信”“丁丁优惠”，等等。以下介绍“我查查二维码”和“微信”两款二维码扫描软件的使用方法。

1.“我查查二维码”

下载地址为 http：//www.wochacha.com/index.php?m=Product&a=qrcode，软件使用方法如图 3-15 所示。

图 3-15 我查查二维码使用方法

2.“微信”加好朋友

微信加好友使用方法如图 3-16 所示。

图 3-16　微信加好友使用方法

3.4　国内外二维码业务开展概况

3.4.1　国外二维码业务开展概况

（1）韩国。

韩国采取封闭运营方式，运营商主导推进二维码业务，对其实施封闭的集中管控。主读业务开展较好，手机二维码应用的高速增长已经成为带动其他增值业务的门户和业务引擎，用户认知度超 90%。

（2）日本。

日本采取开放的编码技术和运营方式，运营商购买软件版权后将二维码软件的解码完全公开，未对条码业务实施集中管理和控制。二维码成为手机的一项软件功能而不是运营商提供的增值业务，主读业务开展良好，用户认知度超 90%。

3.4.2　国内二维码业务开展概况

2006 年中国移动率先在国内开展二维码业务，至今已经在全国得到规模应用。国内各家运营商二维码业务开展情况如表 3-7 所示。

表 3-7　国内二维码业务开展情况

运营商	业务发展现状
中国移动	2006 年正式推出二维码业务应用，已经从最初的 4 个试点城市拓展到了几乎所有的省份
中国电信	2009 年开始使用二维码业务，偏重被读类业务
中国联通	2009 年开始使用二维码业务，偏重主读类业务

中国移动集团将二维码业务定位为物联网核心业务。

（1）物联网基地建设和二维码中央管理平台。

打造中国移动在二维码业务上的核心能力，对二维码业务关键流程（如制码、发码、解码）、支撑方业务平台、终端进行统一管理。

（2）引入新应用（业务）提供商。

各提供商均基于自身平台开发应用、拓展行业企业客户以及用户，并可在所有领域拓展业务。

中国移动二维码业务如图 3-17 所示。

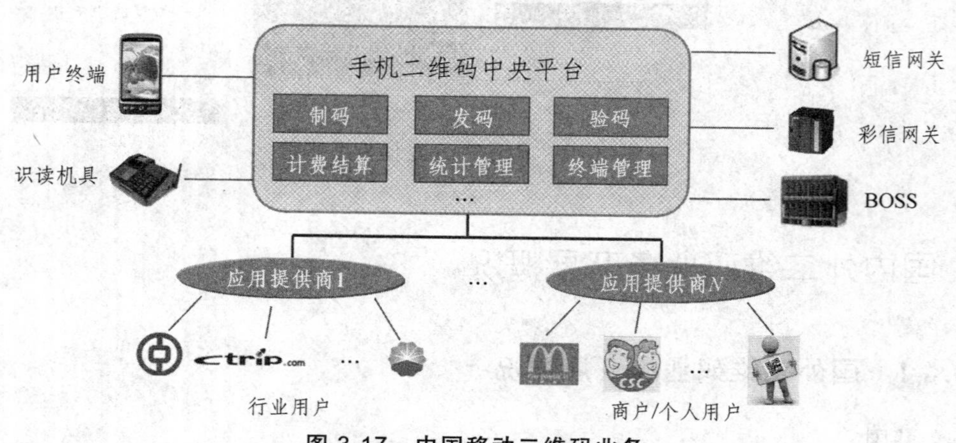

图 3-17　中国移动二维码业务

3.5　手机二维码安全

手机二维码可以印刷在报纸、杂志、广告、图书、包装以及个人名片等多种载体上，用户通过手机摄像头扫描二维码或输入二维码下面的号码、关键字即可实现快速手机上网，便捷地浏览网页、下载图文、音乐、视频、获取优惠券、参与抽奖、了解企业产品信息等，省去了在手机上输入网址的烦琐过程，实现一键上网。

手机病毒可通过二维码进行传播，该病毒伪装成手机聊天软件，并通过二维码提供下载链接，用户一旦扫描这个二维码，就会自动向手机发送短信，骗取手机话费等。对此，中国移动物联网基地相关专家表示，由于二维码技术已经发展成熟，“门槛”较低，普通用户在网上搜索一款二维码生成器，就可以按照自己的意愿，制作二维码。

很多网民不知二维码带给我们生活方便的同时，也成为了手机病毒、诈骗网站传播的新“载体”。

虽然二维码本身并不会携带病毒，但有人会利用二维码下载的方式传播病毒。他们会将带有病毒程序的网址链接制作成二维码，用户用手机扫描后会得到该链接，如果进一步执行点开操作，就会在联网状态下导致手机中毒。

有关专家给出了两条防护措施：第一不要“见码就刷”，特别是不要刷一些不正规网站上提供的二维码，在刷码之前要鉴别来源是否权威；第二要在手机中安装相应的防护程序，一旦出现有害信息，可及时提醒。

3.6 本章小结

本章介绍了一维条码的定义，重点介绍二维码的相关概念、类型、特点、应用、安全及发展情况，让读者从多个角度去理解和学习二维码。

习 题

1. 一维条形码和二维码的定义。
2. 简述二维码的分类。
3. 简述二维码的特点。
4. 二维码与一维码的异同有哪些？
5. 简述现实生活中二维码的应用案例。
6. 简述国内外二维码的应用情况。
7. 谈谈你对手机二维码安全的看法。

4 RFID 技术

物联网时代人们的生活方式将从“感觉”跨入“感知”的阶段，人们可以和物体“对话”，物体和物体之间也能“交流”，而这些物体既可以是小小的手表、钥匙，也能是汽车、楼房，总之日常生活中任何物品都可以变得“有感觉、有思想”。

物联网时代人们可随时随地全方位感知人、物体、动物等。此时，如人一样，物体、动物也需要自己的“身份证”。

RFID（射频身份识别技术）具有强大的标识物品能力。尽管 RFID 也经常被描述成一种基于标签的，并用于识别目标的传感器，但 RFID 阅读器（读卡器或读写器）不能实时感应当前环境的改变，其读写范围受到阅读器与标签之间距离的影响。因此提高 RFID 系统的感应能力，扩大 RFID 系统的覆盖能力是亟待解决的问题。而传感器网络较长的有效距离将拓展 RFID 技术的应用范围。

传感器、传感器网络和 RFID 技术都是物联网技术的重要组成部分，它们的相互融合和系统集成将极大地推动物联网的应用。

图 4-1 是采用 RFID 技术的物联网应用示例。

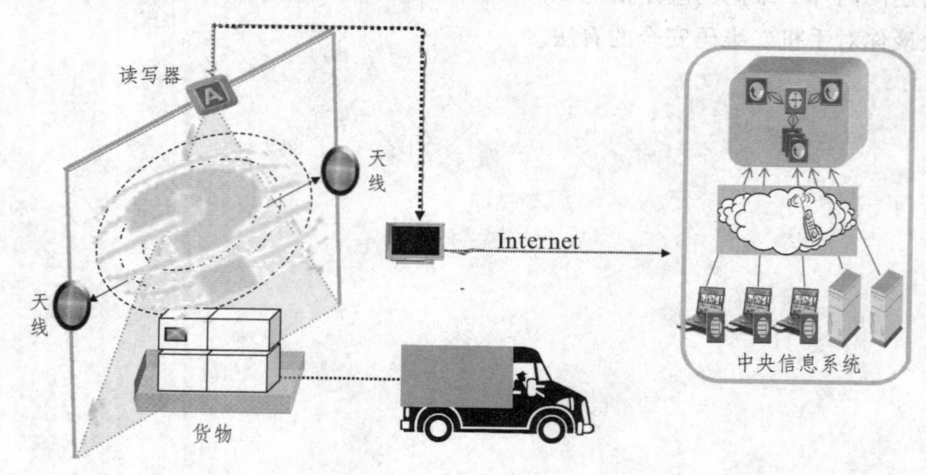

图 4-1 RFID 系统应用

4.1 RFID 概述

RFID（Radio Frequency Identification）是 20 世纪 90 年代开始兴起的一种自动识别技术，它是一种利用射频信号通过空间耦合（交变磁场或电磁场）实现无接触信息传递并通过所传递的信息达到识别的技术。

RFID 识别工作无需人工干预，可工作于各种恶劣环境。RFID 技术可识别高速运动物体并可同时识别多个标签，操作快捷方便。

RFID 系统通常由电子标签（射频标签）和阅读器组成。电子标签内存有一定格式的电子数据，常以此作为待识别物品的标识信息。应用中将电子标签附着在待识别物品上，作为待识别物品的电子标记。阅读器与电子标签可按约定的通信协议互传信息，通常的情况是由阅读器向电子标签发送命令，电子标签根据收到的阅读器的命令，将内存的标识性数据回传给阅读器。这种通信是在无接触方式下，利用交变磁场或电磁场的空间耦合及射频信号调制与解调技术实现的。

RFID 技术的核心在电子标签和阅读器设计，在应用中电子标签的数量是很大的，尤其是物流应用中，电子标签可能是海量并且是一次性使用的，而阅读器的数量则相对要少很多，但是阅读器却包括非常重要的核心设计技术。

实际应用中，电子标签除了具有数据存储量、数据传输速率、工作频率、多标签识读特征等电学参数之外，还根据其内部是否需要加装电池及电池供电的作用而将电子标签分为无源标签（passive）、半无源标签（semi-passive）和有源标签（active）三种类型。

无源标签没有内装电池，在阅读器的阅读范围之外时，标签处于无源状态，在阅读器的阅读范围之内时标签从阅读器发出的射频能量中提取其工作所需的电能。

半无源标签内装有电池，但电池仅对标签内要求供电维持数据的电路或标签芯片工作所需的电压作辅助支持，标签电路本身耗电很少。标签未进入工作状态前，一直处于休眠状态，相当于无源标签。标签进入阅读器的阅读范围时，受到阅读器发出的射频能量的激励，进入工作状态时，用于传输通信的射频能量与无源标签一样源自阅读器。

有源标签的工作电源完全由内部电池供给，同时标签电池的能量供应也部分地转换为标签与阅读器通信所需的射频能量。

RFID 系统的主要性能指标之一是阅读距离，也称为作用距离，它表示在多远的距离上，阅读器能够可靠地与电子标签交换信息，即阅读器能读取标签中的数据。实际 RFID 系统这一指标相差很大，取决于标签及阅读器系统的设计、成本要求、应用需求等，范围在 0 ~ 100 m。典型的情况是，在低频 125 kHz、高频 13.56 MHz 频点上一般均采用无源标签，作用距离在 10 ~ 30 cm；个别 RFID 系统可以达到 1.5 m。本章主要讨论的是在高频频段内的 RFID 技术。

根据电磁波不同的传播特性、不同的应用业务，对整个频谱进行划分，共分 9 段：甚低频（VLF）、低频（LF）、中频（MF），高频（HF）、甚高频（VHF）、特高频（UHF）、超高频（SHF）、极高频（EHF）和至高频，对应的波段从甚（超）长波、长波、中波、短波、米波、分米波、厘米波、毫米波和丝米波（后 4 种统称为微波）。

在 RFID 系统中有 4 种频段，低频（125 kHz）、高频（13.56 MHz）、超高频（850 ~ 910 MHz）及微波（2.45 GHz）。我们需要注意电磁波频谱划分与 RFID 系统频段划分的差异。

4.2 RFID 的发展史

（1）20 世纪 40 年代。

雷达的改进和应用催生了 RFID 技术，1948 年奠定了 RFID 技术的理论基础。RFID 技术最早用于战机的敌我识别系统。

（2）20 世纪 50 年代。

早期 RFID 技术的探索阶段，主要处于实验室实验研究。

（3）20 世纪 60 年代。

RFID 技术的理论得到了发展，开始小范围试验性应用。

（4）20 世纪 70 年代。

RFID 技术与产品研发处于一个大发展时期，各种 RFID 技术测试得到加速，出现了一些最早的 RFID 应用。

（5）20 世纪 80 年代。

RFID 技术及产品进入人员身份识别、自动收费系统等商业应用阶段。

（6）20 世纪 90 年代。

RFID 技术标准化问题日益得到重视，RFID 技术在西方发达国家得到广泛采用，逐渐成为人们生活中的一部分。

（7）2000 年后。

射频识别产品种类更加丰富，有源电子标签、无源电子标签及半无源电子标签均得到发展，电子标签成本不断降低，规模应用行业扩大。

如今，RFID 技术的理论得到丰富和完善。单芯片电子标签、多电子标签识读、无线可读写、无源电子标签的远距离识别、适应高速移动物体的 RFID 技术与产品正在成为现实并走向应用。

4.3 RFID 系统组成

一个完整的 RFID 系统由三部分组成（见图 4-2）：电子标签（Tag，即射频卡，或应答器，或信号发射机），由耦合元件及芯片组成；阅读器（Reader，即读写器，或信号接收机，或基站），读取物品信息，向标签读取或写入信息的设备；天线（Antenna，即发射接收天线），在标签和读写器间传递射频信号。

RFID 系统工作原理是阅读器通过天线发射一特定频率的无线电波能量给标签，用以驱动标签电路将内部的数据送出，此时阅读器便依序接收解读数据，送给应用程序做相应的处理。

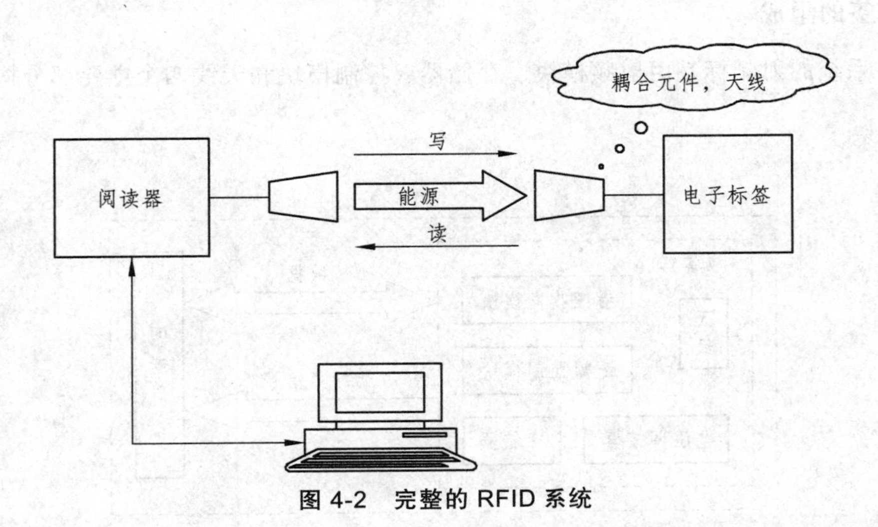

图 4-2　完整的 RFID 系统

有的 RFID 系统还可以通过阅读器的 RS232 或者 RS485 接口与外部计算机连接，进行数据交换。

4.3.1　标签

1. 标签的功能

标签由耦合元件及芯片组成，每个标签具有唯一的电子编码，附着在物体上标识目标对象。射频标签相当于条码技术中的条码符号，用来存储需要识别传输的信息。与条码不同的是标签必须能够自动或在外力的作用下，把存储的信息主动发射出去。

RFID 标签中附带有处理器，使得 RFID 标签本身具有处理信息的能力。可以通过软件设计，开发出适合某些特定场合的产品，使其功能更加强大，应用更加灵活。

RFID 射频标签的外形如图 4-3 所示。

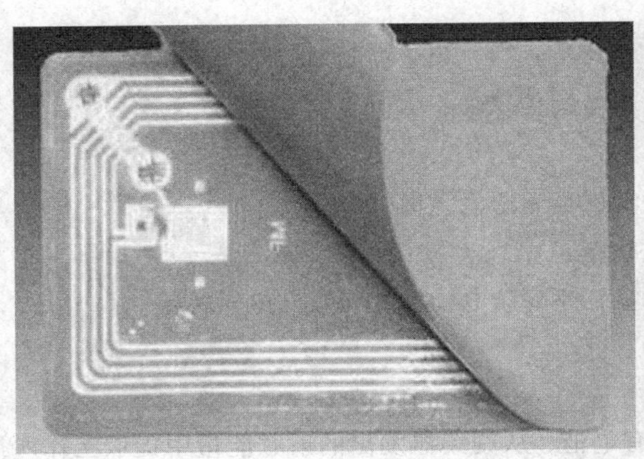

图 4-3　RFID 射频标签

2. 标签的组成

RFID 系统的射频标签由射频模块、存储器、控制模块和天线四个主要部分构成，如图 4-4 所示。

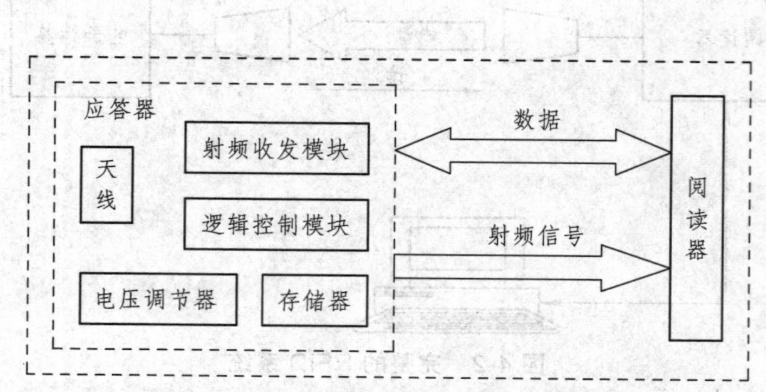

图 4-4　RFID 射频标签基本组成框图

（1）射频收发模块。

包括调制器和解调器。调制器是将逻辑控制模块送出的数据经调制电路调制后，加载到天线发送给阅读器；解调器是把载波去除以取出真正的调制信号。

（2）逻辑控制模块。

用来译码阅读器送来的信号，并依其要求送回数据给阅读器。

（3）存储器。

包括 E2PROM 和 ROM，作为系统运行及存放识别数据的空间。

（4）电压调节器。

把由阅读器送来的射频信号转换成直流电压，并经大电容储存能量，再经稳压电路以提供稳定的电源。

3. 标签的分类

（1）按照标签的工作模式分类。

标签分为主动式标签、被动式标签和半被动式标签。

（2）按供电方式的不同分类。

标签分为有源电子标签、无源电子标签、半无源电子标签。

（3）依据频率的不同分类。

标签分为低频电子标签、高频电子标签、超高频电子标签和微波电子标签。

（4）按照读写方式划分。

标签分为只读标签与读写型标签。

其中，无源应答器（被动标签）不附有电池，从阅读器发出的射频能量中提取工作所需的电能，采用电感耦合方式的应答器多为无源应答器。有源应答器（主动标签）工作电源完全由内部电池供给，同时内部电池能量也部分地转换为应答器与阅读器通信所需的射频能量。半无源应答器内装有电池，起辅助作用，对维持数据的电路供电或对应答器芯片工作所需的电压作辅助支持，用于传输数据的射频能量源自阅读器。

4.3.2 阅读器

1. 阅读器的解释

阅读器根据使用的结构和技术不同分为“读”或“读/写”装置，是 RFID 系统信息控制和处理中心。阅读器和应答器之间一般采用半双工通信方式进行信息交换，同时阅读器通过耦合给无源应答器提供能量和时序。高频 RFID 阅读器及电子标签之间的通信及能量感应方式是使用电感耦合。

图 4-5 所示为两种 RFID 阅读器。

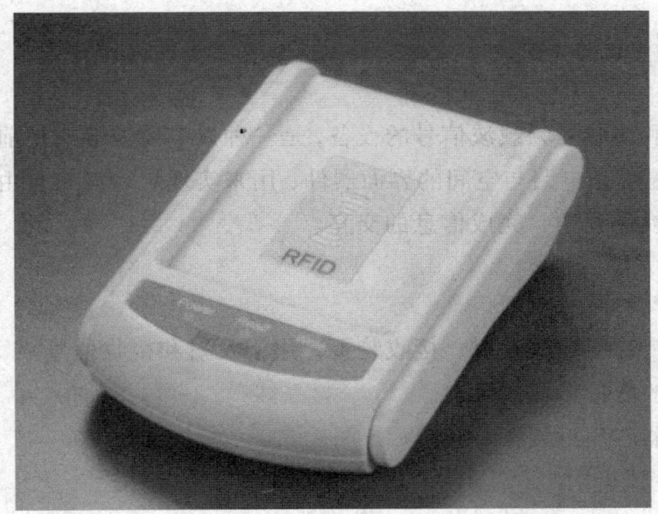

图 4-5 阅读器

2. 阅读器的功能

（1）以射频方式向应答器传输能量，用于读取（有时还可以写入）电子标签内的电子数据，完成对读取数据的信息处理并实现应用操作。

（2）和计算机系统交换信息。

（3）提供信号状态控制、奇偶错误校验与更正功能。

3. 阅读器的组成

阅读器通常由耦合模块（天线）、射频模块、控制模块和接口单元组成。其中射频模块用于发送和接收数据，控制模块接收射频模块传输的信号，译码后获得标签内信息，或把要写入标签的信息译码后传给射频模块，完成写标签操作。图 4-6 为 RFID 阅读器的基本组成框图。

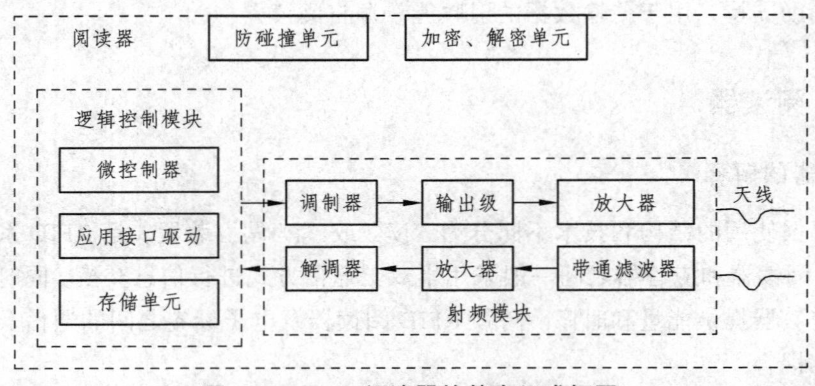

图 4-6 RFID 阅读器的基本组成框图

4.3.3 天 线

1. 天线的解释

天线是标签与读写器之间发射和接收射频载波信号的设备，是一种以电磁波形式把前端射频信号功率接收或辐射出去的装置，是电路与空间的界面器件，用来实现导行波与自由空间波能量的转化，在电磁能量的转换过程中，完成信息的交互。

2. 天线的功能

（1）天线是标签与阅读器之间传输数据的发射、接收装置，用于发射和接收信号。

（2）天线主要是为了取得最大的能量传输效果。

（3）在应答器中，天线和应答器芯片封装在一起。

3. 天线的种类

RFID 天线主要分为近场天线、远场天线、偶极子天线、微带贴片天线和电感耦合射频天线等。

（1）近场天线系统工作在天线的近场，标签所需的能量都是通过电感耦合方式由读写器的耦合线圈辐射近场获得，工作方式为电感耦合。

（2）对于超高频和微波频段，读写器天线要为标签提供能量或唤醒有源标签，工作距离较远，一般位于读写器天线的远场。

（3）偶极子天线也称为对称振子天线，由两段同样粗细和等长的直导线排成一条直线构成。信号从中间的两个端点馈入，在偶极子的两臂上将产生一定的电流分布，这种电流分布就会在天线周围空间激发起电磁场。

（4）微带贴片天线通常是由金属贴片贴在接地平面上的一片薄层，微带贴片天线质量轻、体积小、剖面薄，馈线和匹配网络可以和天线同时制作，与通信系统的印制电路集成在一起，贴片又可采用光刻工艺制造，成本低、易于大量生产。

4.4 RFID 的工作频率

从应用的角度来说，射频标签的工作频率也就是RFID系统的工作频率。射频标签的工作频率不仅决定着 RFID 系统的工作原理（电感耦合或电磁耦合）、识别距离，还决定着射频标签及读写器实现的难易程度和设备的成本。

工作在不同频段或频点上的射频标签具有不同的特点。按工作频率可分为：低频、高频、超高频、微波。射频标签识别应用的频段在国际上有公认的划分，即位于 ISM 波段之中。典型的工作频率有：125 kHz，133 kHz，13.56 MHz，27.12 MHz，433 MHz，902 ~ 928 MHz，2.45 GHz，5.8 GHz，等等。

1. 低频射频标签

低频段射频标签，简称低频标签。其工作频率范围为 30 ~ 300 kHz。典型的工作频率有 125 kHz，133 kHz。低频标签一般为无源标签，其工作能量通过电感耦合方式从阅读器耦合线圈的辐射近场中获得。低频标签与阅读器之间传送数据时，必须位于阅读器天线辐射的近场区。低频标签的读写距离一般情况下小于 1 m。

低频标签的典型应用有：动物识别、工具识别、电子闭锁防盗（带有内置应答器的汽车钥匙）等。与低频标签相关的国际标准有：ISO1784/11785（用于动物识别），ISO18000-2（125 ~ 135 kHz）。低频标签有多种外观形式，应用于动物识别的低频标签外观有：项圈式、注射式、耳牌式等。

低频标签的优势：标签芯片一般采用普通的 CMOS 工艺，具有省电、廉价的特点；工作频率不受无线电频率管制约束；可以穿透水、有机组织、木材等；非常适合近距离、低速度和数量要求较少的识别应用（如动物识别）等。

低频标签的不足：标签存储量较小；只适合低速、近距离的识别应用；与高频标签相比，标签天线匝数相对多一些，成本更高一些。

2. 中高频射频标签

中高频段射频标签的工作频率一般为 3 ~ 30 MHz，典型的工作频率是 13.56 MHz。该频段的射频标签从射频识别应用的角度来说，其工作原理与低频标签完全相同，即采用电感耦合方式工作，根据无线电频段的一般划分，其工作频段称为高频标签，这一频段的标签是最常用的一种射频标签。

高频标签一般采用无源方式工作，其工作能力同低频标签一样，也是通过电感（电磁）耦合方式从阅读器耦合线圈的辐射近场中获取能量。标签与阅读器进行数据交换时，必须位于阅读器天线辐射的近场区内。高频标签的阅读距离一般情况下也小于 1 m。

高频标签在实际应用中可做成卡片形状，典型应用有：电子身份证、电子闭锁防盗（电子遥控门锁控制器）、电子车票、小区物业管理、门禁管理系统等。相关的国际标准有：ISO14443、ISO15693 等。

3. **超高频与微波射频标签**

超高频与微波频段的射频标签，简称为微波射频标签，其典型工作频率为：433.92 MHz，862 ~ 928 MHz，2.45 GHz，5.8 GHz。微波射频标签可分为有源标签与无源标签两类。工作时，射频标签位于阅读器天线辐射场的远区场内，标签与阅读器之间的耦合方式为电磁耦合方式。阅读器天线辐射场为无源标签提供射频能量，将有源标签唤醒。相应的射频识别系统阅读距离一般大于 1 m，典型情况为 4 ~ 6 m，最大可达 10 m 以上。阅读器天线一般均为定向天线，只有在阅读器天线定向波束范围内的射频标签可被读/写。

由于阅读距离的增加，应用中有可能在阅读区域中同时出现多个射频标签的情况，从而提出了多标签同时读取的需求，这种需求已发展成为一种潮流。目前，先进的 RFID 系统均将多标签识读问题作为系统的一个重要特征。

目前，无源微波射频标签比较成功的产品相对集中在 902 ~ 928 MHz 工作频段上。2.45 GHz 和 5.8 GHz RFID 系统多以半无源微波射频标签产品面世。半无源标签一般采用钮扣电池供电，具有较远的阅读距离。微波射频标签的典型特点主要集中在是否无源、无线读写距离、是否支持多标签读写、是否适合高速识别应用，读写器的发射功率容限，射频标签及读写器的价格等方面。典型的微波射频标签的识读距离为 3 ~ 5 m，个别有达 10 m 或 10 m 以上的产品。对于可无线写入的射频标签，通常情况下，写入距离要小于识读距离，其原因在于写入要求更大的能量。

微波射频标签的数据存储容量一般限定在 2 kbit 以内，更大的存储容量没有太大的意义，从技术及应用的角度来说，微波射频标签并不适合作为大量数据的载体，其主要功能在于标识物品并完成无接触的识别过程。典型的数据容量指标有：1 kbit，128 bit，64 bit，等等。由 Auto-ID Center 制定的产品电子代码 EPC 的容量为 90 bit。

超高频标签主要用于铁路车辆自动识别、集装箱识别，还可用于公路车辆识别与自动收费系统中。

4.5 RFID 各频段的应用

4.5.1 HF 电子标签

目前，13.56 MHz 的 RFID 技术，已在国内得到广泛的应用，主要集中于身份识别、公共交通管理、物流管理等领域。

1. 身份识别

电子标签可以通过嵌入到身份证、护照、工作证等各种证件中，用于人员身份识别，是目前 RFID 技术应用最为广泛和成熟的领域之一，如图 4-7 所示。在国内的主要应用有如下几种。

图 4-7 RFID 在实际生活中的应用

（1）中国第二代居民身份证，基于 ISO/IEC 14443-B 标准的 13.56 MHz 电子标签，该项目是国内乃至国际上最大的 RFID 应用项目之一。

（2）教育部学生购票优惠卡，基于 ISO/IEC 15693 标准的 13.56 MHz 电子标签。

（3）共青团中央青年卡，基于 ISO/IEC 14443-A 标准的 13.56 MHz 电子标签。

2. 公共交通管理

公共交通管理是国内应用 RFID 技术最早的，也是最成功的领域之一。目前，国内主要涉及的应用有电子车票等领域。电子车票具有交易便捷，快速通过，可靠性高等优点，所以越来越多的城市正准备使用电子车票并准备给它增加更多的功能。

3. 物流管理

物流管理是 RFID 技术的另一个重要应用。RFID 系统可对整个物流过程进行监控和管理，保证物品在运输流通中不会被误送或丢失，降低物流成本，提高运输的效率。

同时，由于 RFID 技术具有防伪的特性，可对特殊的物品（如危险品）结合物流管理进行严格控制，防止假冒伪劣产品流入市场。典型的应用有如下几种。

（1）上海液化气钢瓶管理，使用基于 ISO/IEC 15693 标准的 13.56 MHz 电子标签。

（2）上海烟花爆竹管理，使用基于 ISO/IEC 14443-A 标准的 13.56 MHz 电子标签。

从 RFID 在国内的应用可以看到，不同频段的 RFID 系统应用发展不均，13.56 MHz 电子标签发展成熟，应用广泛，正在向更多的应用领域发展。在身份识别、电子票据、防伪、危险品管理等领域，它们的需求特点是工作距离要求不高、有一定安全加密的要求、成本要求不高，这些都是 13.56 MHz 电子标签发展较快的领域。

4.5.2 UHF 电子标签

高频电子标签阅读距离比较短，很多实际射频识别需要读卡距离比较远，阅读器读写范围比较大。如图 4-8 所示的公路车辆识别与自动收费系统和铁路车辆自动识别、集装箱识别等应用。

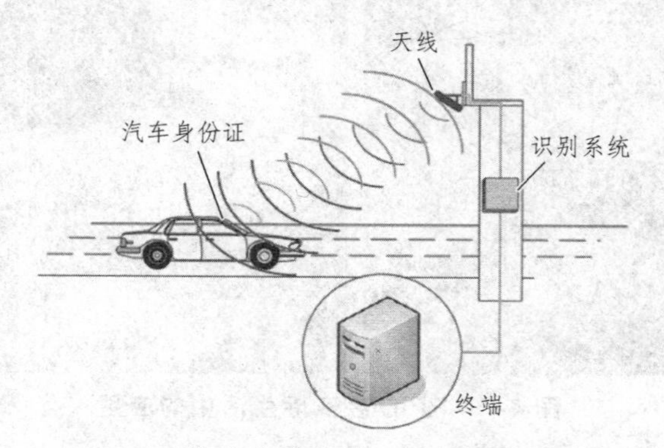

图 4-8　汽车自动收费 UHF RFID 系统

近年发展起来的超高频电子标签技术，由于能够满足这些应用要求，所以得到了很快发展。其典型工作频率为 860 ~ 928 MHz。

超高频无源射频标签工作时，射频标签位于阅读器天线辐射场的远区场内，标签与阅读器之间的耦合方式为电磁耦合方式。阅读器天线辐射场为无源标签提供射频能量，将有源标签唤醒。相应的 RFID 系统阅读距离一般大于 1 m，典型情况为 4 ~ 6 m，最大可达 10 m 以上。阅读器天线一般均为定向天线，只有在阅读器天线定向波束范围内的射频标签可被读/写。

由于超高频 RFID 系统一般使用比较大的功率，来实现对无源标签的供电和通信，所以，各国对超高频电子标签使用频段和功率进行了必要的限制，图 4-9 是欧洲 ETSI302208 的规定。

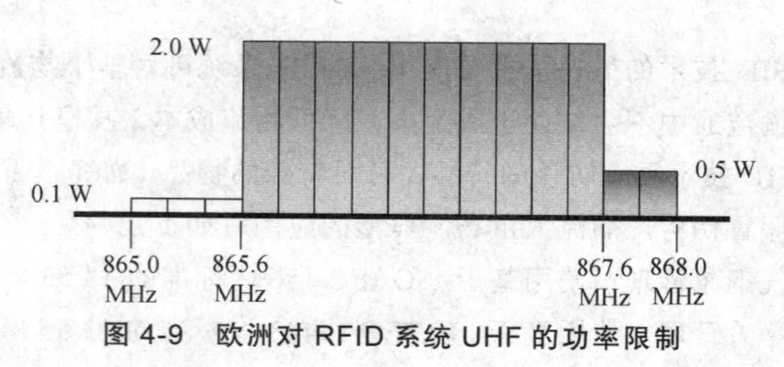

图 4-9　欧洲对 RFID 系统 UHF 的功率限制

美国 FCC 规定 UHF 工作在 902 ~ 928 MHz（FCC Part 15.247，Frequency Hopping-52 channels × 500 kHz @ 4W），如图 4-10 所示。

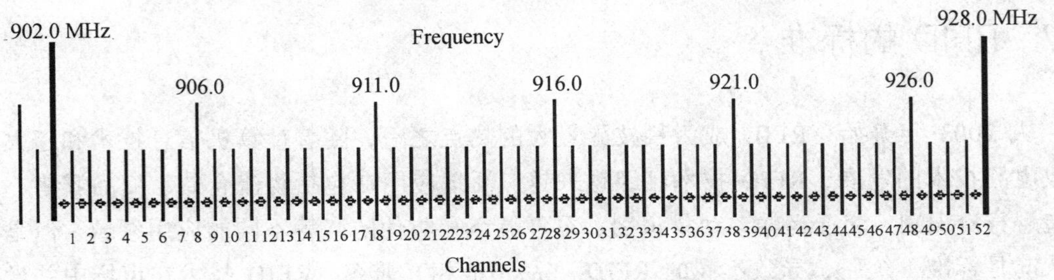

图 4-10 美国 FCC 对 RFID 系统 UHF 频段限制

4.6 RFID 的特点

（1）RFID 在本质上是物品标识的手段，它被认为将最终取代现今应用非常广泛的传统条码，成为物品标识的最有效方式。因为它具有以下特点。

① 读取方便快捷。无需光源，可以透过外包装进行。有效识别距离大，如果是自带电池的主动标签时，有效识别距离达到 30 m 以上。

② 识别速度快。标签一进入磁场，阅读器就可以即时读取其中的信息，并能够同时处理多个标签，实现批量识别。

③ 数据容量大。

④ 标签数据可动态更改。

⑤ 更好的安全性。

⑥ 动态实时通信。标签以 50～100 次/s 的频率与阅读器进行通信，所以只要 RFID 标签所附着的物体出现在阅读器的有效识别范围内，就可以对其位置进行动态的追踪和监控。

（2）除了以上显著的特点外，RFID 还具有以下特点。

① 无源远距离读写：可达 1～10 m。

② 防冲撞技术：与条形码相比，无需直线对准扫描，读写速度快，可多目标识别、运动中识别，识别速度 100 个/s 以上。

③ 防水、防磁、耐高温。可在恶劣环境下使用。

④ 可反复读写并能根据用户需要锁定重要信息。

⑤ 灵活的内部存储空间：厂家可以根据各自的需要定义各型号产品的存储容量，而且读写设备可以读取内存配置信息，便于在一个综合应用中操作不同的标签产品。

⑥ 使用寿命长（大于 10 年或读写 10 万次），无机械磨损、无机械故障，可在恶劣环境下使用。工作温度：－25 °C～＋70 °C。

⑦ 柔性封装，封装多样化，超薄和多种大小不一的外形，使电子标签能封装在纸张、塑胶制品内，可应用于不同场合，也可多层压制卡。

⑧ 穿透性和无屏障阅读：RFID 能够穿透纸张、木材和塑料等非金属或非透明的材料，并能够进行穿透性通信。

4.7 RFID 的标准

从 2003 年开始，RFID 成为科技界最大的热点之一，随着计算机信息技术和超大规模集成电路技术的发展，RFID 技术已经越来越广泛地应用在包括物流仓储、商品零售、工业制造、身份识别、交通运输、动物识别、军事航空和防伪防盗等不同的应用领域。但是目前的状况是标准不统一，导致不同的 RFID 产品不能相互兼容，RFID 技术在市场中并没有得到大规模的应用。如同条形码一样，RFID 技术的应用是全球性的，因而标准化工作就十分必要，国内 RFID 发展的当务之急是建立自己的标准。

RFID 标准体系主要由空中接口规范、物理特性、读写器协议、编码体系、测试规范、应用规范、数据管理、信息安全等标准组成。目前国际上制订 RFID 标准的主要组织是国际标准化组织（ISO/IEC），ISO/IEC 的 JTC1 负责制订与 RFID 技术相关的国际标准，ISO 其他有关技术委员会也制订部分与 RFID 应用有关的标准，还有一些相关的组织也开展了 RFID 标准化工作。但是相关标准之间缺乏达成一致的基础，目前国际标准化组织正在积极推动 RFID 应用层面上的互联互通。

中国在 RFID 技术与应用的标准化研究工作上已有一定基础，在技术标准方面，依据 ISO/IEC15693 系列标准已经基本完成国家标准的起草工作，参照 ISO/IEC18000 系列标准制定国家标准的工作已列入国家标准制订计划。此外，中国 RFID 标准体系框架的研究工作也已基本完成。

4.7.1 RFID 高频体系标准

标准化的意义在于改进产品、过程和服务的适用性，防止贸易壁垒，促进技术合作。RFID 技术标准化的主要目的是通过制订、发布和实施标准，解决编码、通信、空中接口和数据共享等问题，促进 RFID 技术及相关系统的应用。

ISO 的 RFID 标准体系包括通用标准和应用标准两部分，通用标准提供了一个基本框架，应用标准是对它的补充和具体规定。

目前在我国常用的两个 RFID 标准为用于非接触智能卡的两个 ISO 标准：ISO14443，ISO15693。

ISO14443 和 ISO15693 标准在 1995 年开始操作，其完成则是在 2000 年之后，二者皆以 13.56 MHz 交变信号为载波频率。ISO15693 读写距离较远，而 ISO14443 读写距离稍近，但应用较广泛。目前的第二代电子身份证采用的标准是 ISO14443 TYPE B 协议。

ISO 14443 定义了 TYPE A、TYPE B 两种类型协议，通信速率为 106 kb/s，它们的不同主要在于载波的调制深度与位的编码方式。TYPE A 采用开关键控（On-Off keying）的曼彻斯特编码，TYPE B 采用 NRZ-L 的 BPSK 编码。TYPE B 与 TYPE A 相比，具有传输能量不中断、速率更高、抗干扰能力更强的优点。RFID 的核心是防冲撞技术，这也是和接触式 IC 卡的主要区别。ISO14443-3 规定了 TYPE A 和 TYPE B 的防冲撞机制。二者防冲撞机制的原理不同，前者是基于位冲撞检测协议，而 TYPE B 在通信系列命令序列完成防冲撞。

ISO15693 采用轮询机制、分时查询的方式完成防冲撞机制。防冲撞机制使得同时处于读写区内的多张卡的正确操作成为可能，既方便了操作，也提高了操作的速度。

4.7.2 RFID 超高频体系标准

RFID 技术标准主要定义了不同频段的空中接口及相关参数，包括基本术语、物理参数、通信协议和相关设备等。

超高频电子标签的标准主要有 ISO 和 EPC Global。

EPC Global 是由北美 UCC 产品统一编码组织和欧洲 EAN 产品标准组织联合成立，在全球拥有上百家成员，得到了零售巨头沃尔玛，制造业巨头强生、宝洁等跨国公司的支持。

ISO 的 RFID 标准体系包括通用标准和应用标准两部分，通用标准提供了一个基本框架，应用标准是对它的补充和具体规定。

ISO18000-6A/B/C 系列包括了超高频无源 RFID 技术标准，主要是基于物品管理的 RFID 空中接口参数。

超高频 RFID 的应用标准是在 RFID 关于电子标签编码、空中接口协议、读写器通信协议等通用标准基础之上，针对不同使用对象，对于不同应用确定了使用条件、标签尺寸、标签位置、数据内容和格式、使用频段等方面的特定应用要求的具体规范，同时也包括数据的完整性、人工识别等其他一些要求。

• EPC Global。

沃尔玛连锁集团、英国 Tesco 等 100 多家美国和欧洲的流通企业都是 EPC 的成员，同时由美国 IBM 公司、微软、Auto-ID Lab 等进行技术研究支持。此组织除发布工业标准外，还负责 EPC Global 号码注册管理。EPC Global 系统是一种基于 EAN · UCC 编码的系统。作为产品与服务流通过程信息的代码化表示，EAN · UCC 编码具有一整套涵盖了贸易流通过程各种有形或无形的产品所需的全球唯一的标识代码，包括贸易项目、物流单元、位置、资产、服务关系等标识代码。EAN · UCC 标识代码随着产品或服务的产生在流通源头建立，并伴随着该产品或服务的流动贯穿全过程。EAN · UCC 标识代码是固定结构、全球唯一的全数字型代码。在 EPC 标签信息规范 1.1 中采用 64 ~ 96 位的电子产品编码；在 EPC 标签 2.0 规范中采用 96 ~ 256 位的电子产品编码。

EPC Gen2 为超高频第二代空中接口协议，是由全球 60 多家顶级公司开发的并达成一致用于满足终端用户需求的标准，兼容 ISO18000-6C 标准，该标准是在现有 4 个标签标准的基础上整合并发展而来的。这 4 个标准是：ISO-180006A 标准；ISO-180006B 标准；EPC Class 0 标准；EPC Class 1 标准。

EPC Global Gen2 协议标准的制订单位及其标准基础决定了其与第一代标准相比具有无可比拟的优越性，这一新标准具有全面的框架结构和较强的功能，能够在高密度读写器的环境中工作，符合全球管制条例，标签读取正确率较高，读取速度较快，安全性和隐私功能都有所加强。它克服了 EPC Global 以前 Class0 和 Class1 的很多限制。

2004 年 2 月，中国国家标准化管理委员会宣布成立电子标签国家标准工作组，负责起草、制定中国有关电子标签的国家标准。4 月底中国企业加入了 RFID 的全球化标准组织 EPC Global，同时 EPC Global China 也已成立。

4.8 RFID和条形码的区别

从概念上来说，两者很相似，目的都是快速准确地确认追踪目标物体，但两种识别方式也存在许多不同之处，主要区别如下。

（1）有无写入信息或更新内存的能力。条形码的信息不能更改。射频标签不像条形码，标签的作用不仅仅局限于视野之内，因为信息是由无线电波传输，而条形码必须在视野之内。

（2）由于条形码成本较低，有完善的标准体系，已在全球散播，所以已经被普遍接受，从总体来看，射频技术只被局限在有限的市场份额之内。

（3）目前，多种条形码控制模版已经在使用之中，在获取信息渠道方面，RFID也有不同的标准。

4.9 RFID的基本原理和工作流程

4.9.1 RFID的工作原理

阅读器通过天线发送出一定频率的射频信号，当标签进入磁场时产生感应电流从而获得能量，标签发送出自身编码等信息被阅读器读取并解码后送至计算机进行有关处理，如图4-11所示。

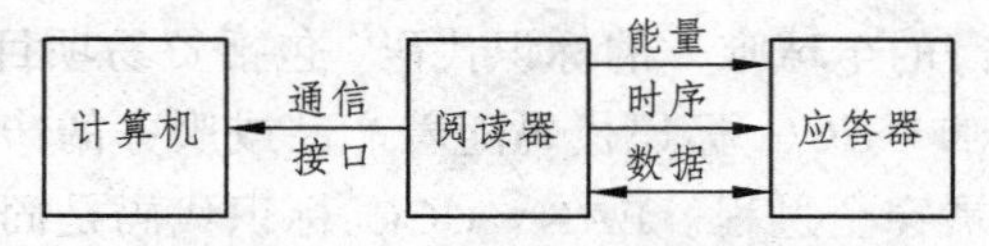

图4-11　RFID的基本原理框图

标签与阅读器之间的数据传输是通过空气介质以无线电波的形式进行的。

（1）阅读器将设定数据的无线电载波信号经过发射天线向外发射。

（2）当射频标签进入发射天线的工作区时，射频标签被激活后即将自身信息代码经天线发射出去。

（3）系统的接收天线接收到射频标签发出的载波信号，经天线的解调器传给阅读器。阅读器对接收的信号进行解调解码，送后台计算机控制器。

（4）计算机控制器根据逻辑运算判断该射频标签的合法性，针对不同的设定做出相应的处理和控制，发出指令信号控制执行机构的动作。

（5）执行机构按计算机的指令动作。

（6）通过计算机通信网络将各个监控点连接起来，构成总控信息平台，根据不同的项目设计不同的软件来完成要达到的功能。

RFID 系统的工作原理如图 4-12 所示。

发生在阅读器和电子标签之间的射频信号的耦合类型有两种：电感耦合和电磁反向散射耦合。电感耦合方式一般适合于中、低频工作的近距离 RFID 系统。电磁反向散射耦合方式一般适合于高频、微波工作的远距离 RFID 系统。

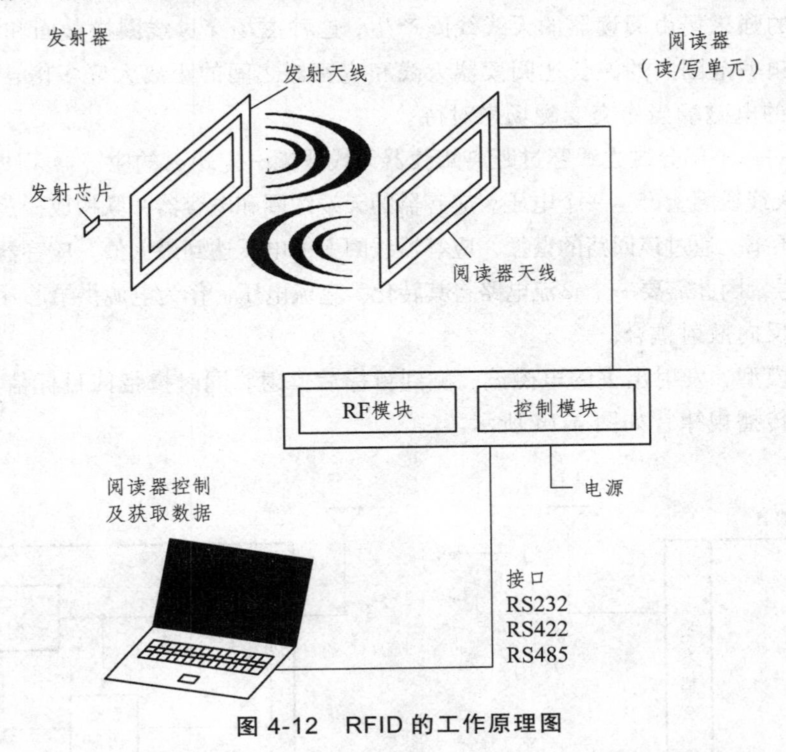

图 4-12　RFID 的工作原理图

不同的国家所使用的 RFID 频率也不尽相同。欧洲的超高频是 868 MHz，美国的则是 915 MHz，日本目前不允许将超高频用到射频技术中。各国政府也通过调整阅读器的功率来限制它对其他设备的影响，有些组织例如全球商务促进委员会正鼓励政府取消限制，标签和阅读器生产厂商也正在开发能使用不同频率避免这些问题的系统。

（1）电感耦合。

变压器模型，通过空间高频交变磁场实现耦合，依据的是电磁感应定律，如图 4-13 所示。

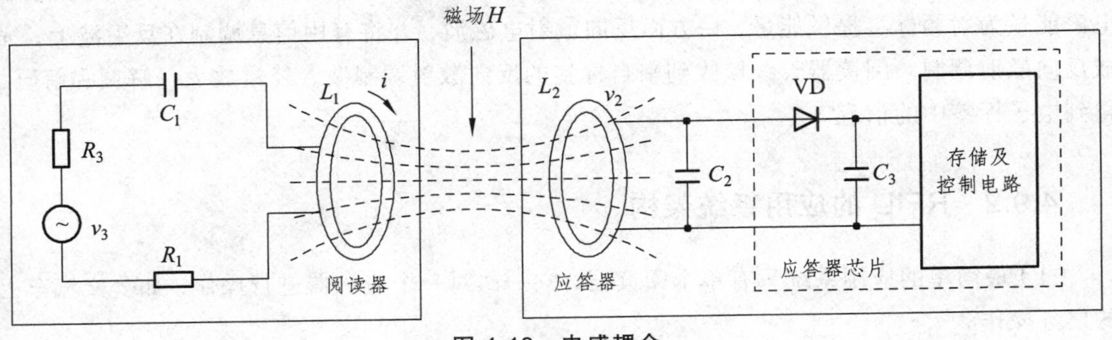

图 4-13　电感耦合

电感耦合方式一般适合于中、低频工作的近距离 RFID 系统。典型的工作频率有：125 kHz、225 kHz 和 13.56 MHz。识别作用距离小于 1 m，典型作用距离为 10 ~ 20 cm。

电感耦合式应答器由一个电子数据做载体，通常由单个微型芯片以及用作天线的大面积线圈组成。电感耦合应答器几乎都是无源工作的，微型芯片工作所需的全部能量必须由阅读器供应。高频的强磁场由阅读器的天线线圈产生，这种磁场穿过线圈横截面和线圈周围的空间。因为使用频率范围内的波长比阅读器天线和应答器之间的距离大好多倍，可以把应答器到阅读器之间的电磁场当作交变磁场来对待。

发射磁场的一小部分磁力线穿过距离阅读器天线线圈一定距离的应答器天线线圈。通过感应，在应答器天线线圈上产生一个电压。应答器的天线线圈和电容器并联构成振荡回路，谐振到阅读器的发射频率。通过该回路的谐振，应答器线圈上的电压达到最大值。应答器线圈上的电压是一个交流信号，因此需要一个整流电路将其转化为直流电压，作为电源供给芯片内部使用。

（2）电磁反向散射耦合。

雷达原理模型，发射出去的电磁波，碰到目标后反射，同时携带回目标信息，依据的是电磁波的空间传播规律，如图 4-14 所示。

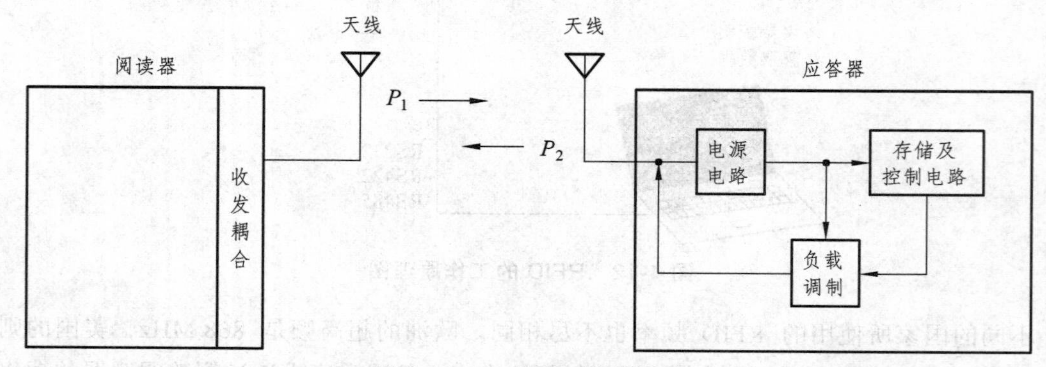

图 4-14 电磁反向散射耦合

电磁反向散射耦合方式一般适合于高频、微波工作的远距离 RFID 系统。典型的工作频率有：433 MHz，915 MHz，2.45 GHz，5.8 GHz。识别作用距离大于 1 m，典型作用距离为 3 ~ 10 m。在反向散射 RFID 系统中阅读器和标签之间的能量和数据传送依靠阅读器天线和电子标签来完成。阅读器首先通过天线发射电磁波，处于有效范围内的电子天线一方面接收电磁能量为射频标签提供能量，一方面反向散射电磁波，并将有用信息调制在反射波上，完成反向散射调制。阅读器天线接收到来自标签的反向散射调制波，经过放大、解调和解码，得到电子标签中的信息。

4.9.2 RFID 的应用系统架构

（1）最简单的应用系统只有单个阅读器，它一次对一个应答器进行操作，如公交汽车上的票务操作。

（2）较复杂的应用需要一个阅读器可同时对多个应答器进行操作，即要具有防碰撞（防冲突）的能力。

（3）更复杂的应用系统要解决阅读器的高层处理问题，包括多阅读器的网络连接，如图4-15所示。

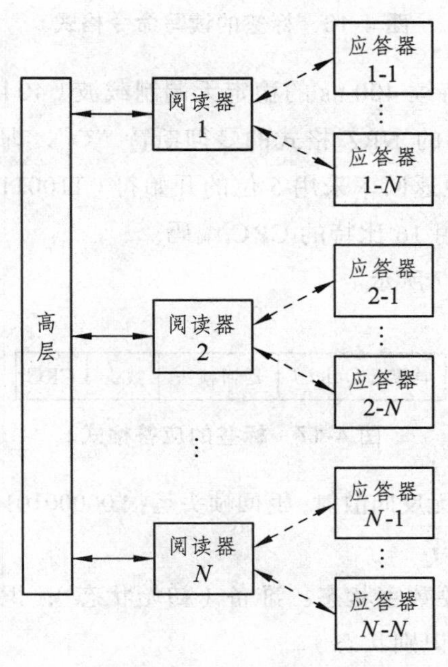

图 4-15 RFID 多阅读器架构

4.9.3 RFID 高频原理

1. 高频电子标签原理

RFID 标签由两部分组成：芯片和专用天线。通过天线，芯片可以接收和传输信号，如商品的身份数据信息。标签靠其偶极子天线获得能量，并由芯片控制接收、发送数据。

标签芯片主要由模拟射频接口、数据控制及 EEPROM（电可擦除只读存储器）三个模块构成。

模拟射频接口模块为芯片提供稳定电压，并将获得的数据解调后供数据模块处理，同时将数据调制后返回给阅读器。数字处理模块包括状态转换机、读写协议执行、与 EEPROM 的数据交换处理等功能。

标签内置 2 048 比特的 EEPROM，分成 64 块（block），每块 32 比特。其中 8 字节为 ID 存储空间，216 字节为用户存储空间。每字节都有相应的锁定位，该位被置“1”就不能再被改变。可以通过锁定命令将其锁定，通过查询锁定命令读取锁定位的状态，锁定位不允许被复位。0 ~ 7 字节被锁定，为标签的标识码（Unique ID）。64 比特用户标识包含 50 比特的独立的串号，12 比特的边界码和一个两位的校验码。8 ~ 219 字节是未锁定空间，供用户使用。220 ~ 223 字节也是未锁定的，作为写操作完毕的标志比特或者用户空间。

标签的读写命令格式如图 4-16 所示。

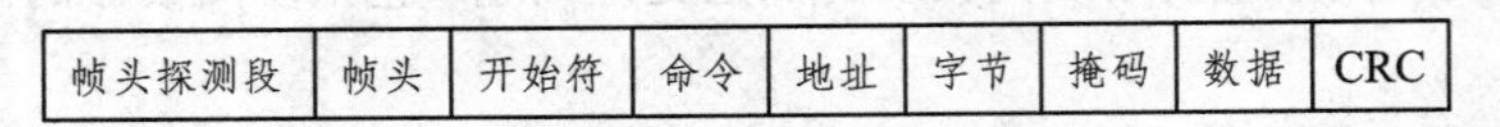

帧头探测段	帧头	开始符	命令	地址	字节	掩码	数据	CRC

图 4-16 标签的读写命令格式

帧头探测段是一个至少持续 400 us 的稳定无调制载波（40 kb/s 的速率下相当于 16 比特数据的传输）；帧头是 9 比特的 NRZ 格式的曼彻斯特“O”，即：010101010101010101；开始符是用来标记有效数据，原返回率采用 5 位的开始符（1100111010），4 倍返回率采用开始符（11011100101）；CRC 采用 16 比特的 CRC 编码。

标签的应答格式如图 4-17 所示。

静默（Quiet）	返回帧头	数据	CRC

图 4-17 标签的应答格式

静默是标签持续 2 字节的无反向散射；返回帧头是：“0000010101010101010101000110110001”；CRC 采用 16 比特的 CRC 编码。

充电后的芯片有三种主要数字状态：准备（初始状态）；识别（标签期望阅读器识别的状态）；数据交换（标签已被识别状态）。

首先，标签进入阅读器的射频场，从无电状态进入准备状态。阅读器通过“组选择”和“取消选择”命令来选择工作范围内处于准备状态中所有或者部分的标签，来参与冲突判断过程。为解决冲突判断问题，标签内部有两个装置：一个 8 比特的计数器；一个“0”或“1”的随机数发生器。标签进入识别状态的同时把它的内部计数器清“0”。它们中的一部分可以通过接收超高频 RFID 系统阅读器的“取消”命令重新回到准备状态，其他处在识别状态的标签进入冲突判断过程。被选中的标签开始进行下面循环。

① 所有处于识别状态并且内部计数器为 0 的标签将发送它们的标签标识号。

② 如果多于一个标签发送标签标识号，阅读器将发送失败命令。

③ 所有收到失败命令且内部计数器不等于 0 的标签将其计数器加 1。收到失败命令且内部计数器等于 0 的标签（刚刚发送过应答的标签）将产生一个“1”或“0”的随机数，如果是“1”，它将自己的计数器加 1；如果是“0”，就保持计数器为 0 并且再次发送它们的标签标识号。

④ 如果有一个以上的标签发送标签标识号，将重复第 2 步操作。

⑤ 如果所有标签都随机选择了“1”，则阅读器收不到任何应答，它将发送成功命令，所有应答器的计数器减 1，然后计数器等于 0 的应答器开始发送标签标识号，接着重复第 2 步操作。

⑥ 如果只有一个标签发送并且它的标签标识号被正确接收，阅读器将发送包含标签标识号的数据读命令，标签正确接收该条命令后将进入数据交换状态，接着将发送它的数据。阅读器将发送成功命令，使处于识别状态的标签的计数器减 1。

⑦ 如果只有一个标签的计数器等于 1 并且返回应答，则重复第 5 和第 6 步操作；如果有一个以上的标签返回应答，则重复第 2 步操作。

⑧ 如果只有一个标签返回应答，并且它的标签标识号没有被正确接收，阅读器将发送一个重发命令。如果标签标识号被正确接收，则重复第 5 步操作。如果标签标识号被重复几次的接收（这个次数可以基于系统所希望的错误处理标准来设定），就假定有一个以上的标签在应答，重复第 2 步操作。

2. 高频阅读器原理

RFID 标签阅读设备（阅读器、读卡器）是 RFID 系统的重要组成部分。射频标签阅读设备根据功能的特点也有一些其他的别称，如：阅读器（Reader），查询器（Interrogator），通信器（Communicator），扫描器（Scanner），阅读器（Reader and Writer），编程器（Programmer），读出装置（Reading Device），便携式读出器（Portable Readout Device），AEI 设备（Automatic Equipment Identification Device），等等。

通常情况下，射频标签阅读设备应根据射频标签的阅读要求以及应用需求情况来设计。随着 RFID 技术的发展，射频标签阅读设备也形成了一些典型的系统实现模式。

高频 RFID 阅读器本身从电路实现角度来说，又可划分为两大部分：射频模块（射频处理芯片）与微控制器（MCU）模块。

射频阅读器芯片实现的任务主要有两项。第一项是实现将阅读器发往射频标签的命令调制（装载）到射频信号（也称为阅读器/射频标签的射频工作频率）上，经由发射天线发送出去。发送出去的射频信号（可能包含有传向标签的命令信息）经过空间传送（照射）到射频标签上，射频标签对照射在其上的射频信号作出响应，形成返回阅读器天线的反射回波信号。射频模块的第二项任务即是实现将射频标签返回到阅读器的回波信号进行必要的加工处理，并从中解调（卸载）提取出射频标签回送的数据。

单片机芯片内部运行阅读卡片的协议和相关控制软件，这些一般使用 C 语言编写。目前大多是采用 SPI 接口和高频阅读器芯片接口。

高频阅读器内部软件具有如下功能。

① 与应用系统软件计算机端进行通信并执行应用系统软件发来的命令。

② 控制与电子标签的通信过程。

③ 对电子标签与阅读器之间要传送的数据进行加密和解密。

④ 进行阅读器和电子标签之间的身份验证。

下面以无线龙高频 RFID 阅读器为例，讲解阅读器的配置和使用。HF RFID 阅读器如图 4-18 所示。

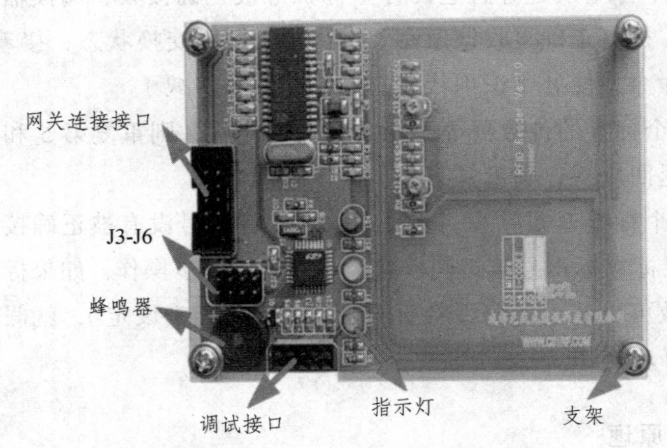

图 4-18　HF RFID 阅读器

HF RFID 阅读器主要参数如下。

① 支持 ISO14443A/B 和 ISO15693 协议。

② 工作频率可以调整在 13.5 MHz。

③ 射频输出功率标准为读写距离 2.5 ~ 10 cm。

高频 RFID 演示，本系统演示需要的设备和软件如下。

① 物联网教学实验箱 SensorRF 210。

② 软件包。

③ HF RFID 阅读器。

④ ISO14443A 和 ISO15693 标签（实验箱附带配件）。

高频 RFID 阅读器演示系统原理如图 4-19 所示。

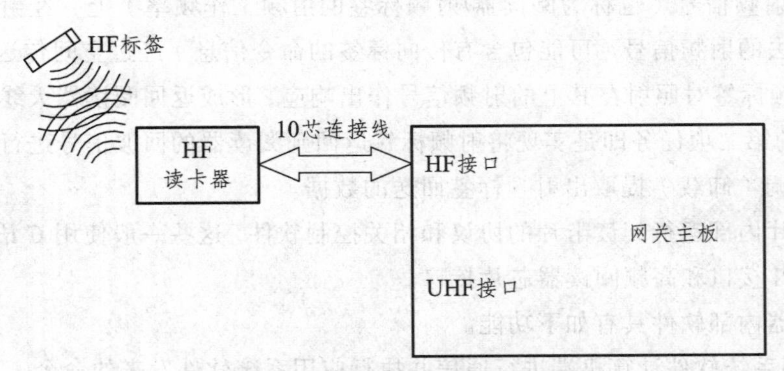

图 4-19　HF 阅读器演示系统原理图

通过连接线把网关主板左上角 UHF 接口与 UHF 阅读器连接起来，在网关主板上把 J11 ~ J14 开关拔向“PC”方向，并为网关主板及 UHF 阅读器接上电源。

① 打开网关主板电源开关及阅读器电源开关，进入 SensorRF 网关驱动软件选择界面，如图 4-20 所示。

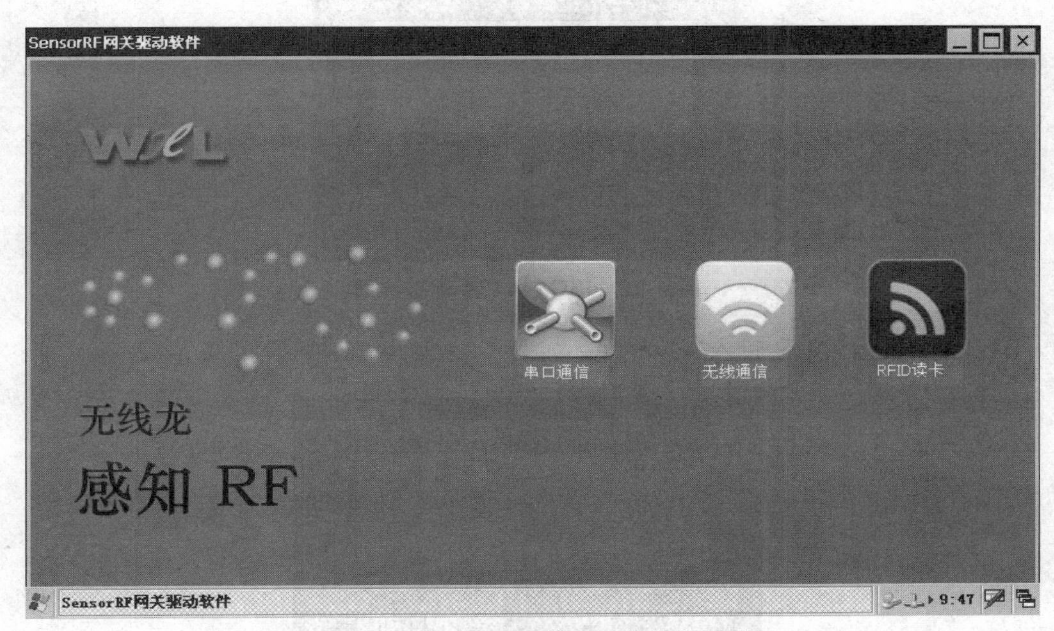

图 4-20　SensorRF 网关驱动软件选择界面

② 选择 RFID 读卡，如图 4-21 所示。

图 4-21　标签选择界面

③ 根据网关连接不同读卡器，选择不同 RFID 实验图标进入实验界面，如图 4-22 所示。

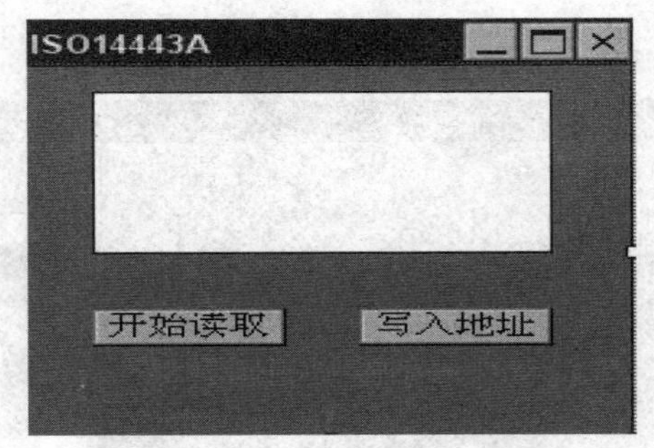

图 4-22　ISO14443A 标签界面

④ 选择“开始读取”进入实验界面，如图 4-23 所示。

图 4-23　开始读取界面

⑤ 此时在上位机中打开 SensorRF2-210 平台 RFID 演示软件，如图 4-24 所示。

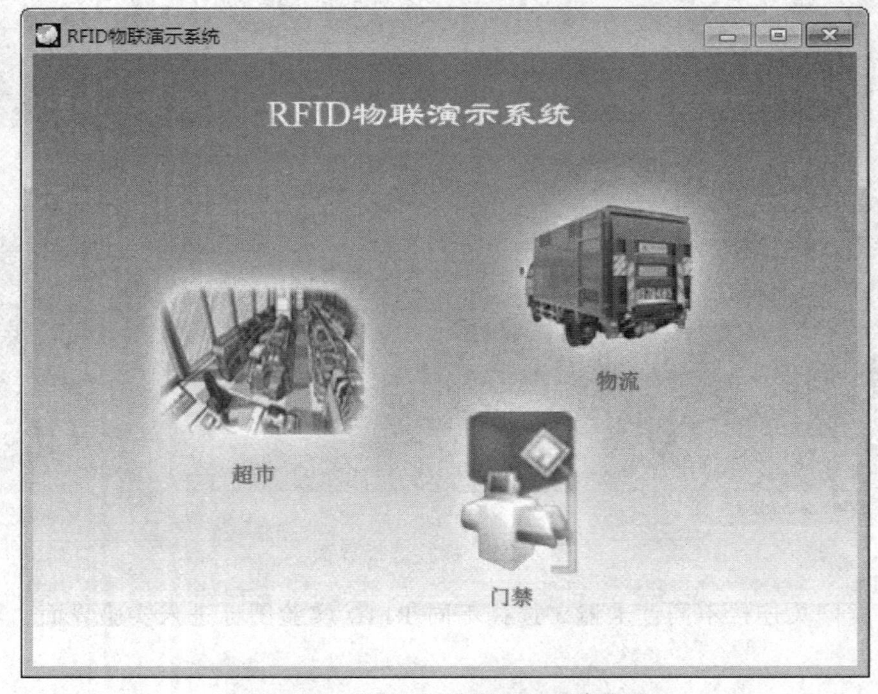

图 4-24　RFID 物联网演示系统界面

⑥ 根据不同标签，点击图标进入不同实验界面。这里以 ISO14443 门禁管理系统为例，如图 4-25 所示。

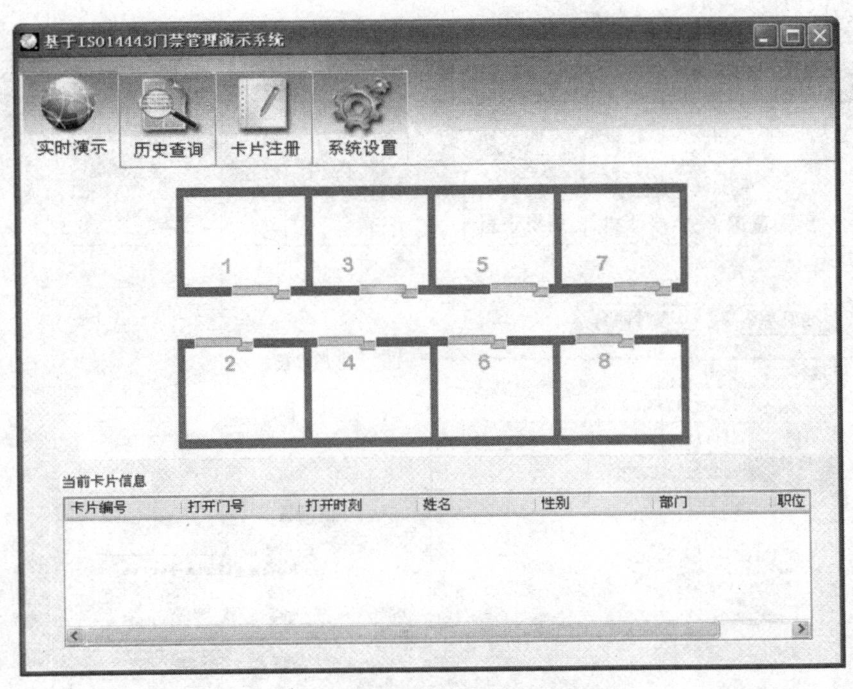

图 4-25　ISO14443 门禁管理系统

⑦ 点击“系统设置”，进入图 4-26 所示界面。

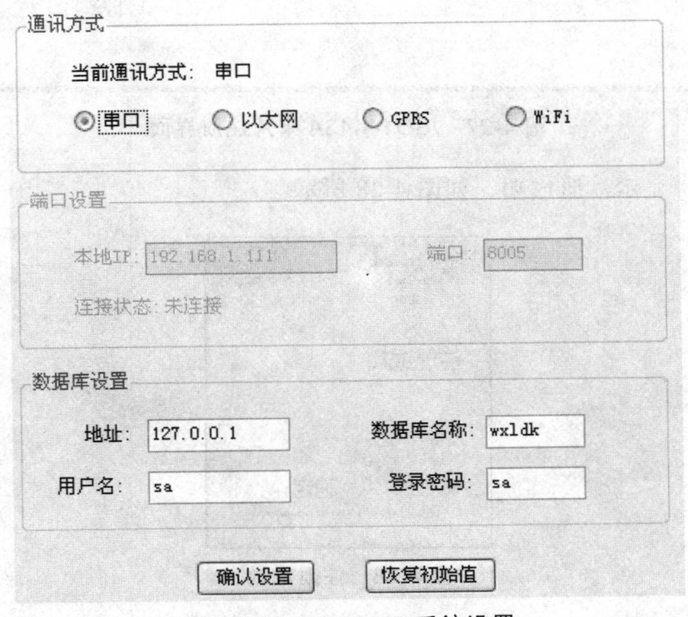

图 4-26　ISO14443 系统设置

⑧ 点击“确认设置”，然后根据不同标签点击“卡片注册”，然后点击“开始读取”，此时用ISO14443卡片作读卡操作。读取后如图4-27所示。同时网关主板液晶屏显示对应的标签地址。

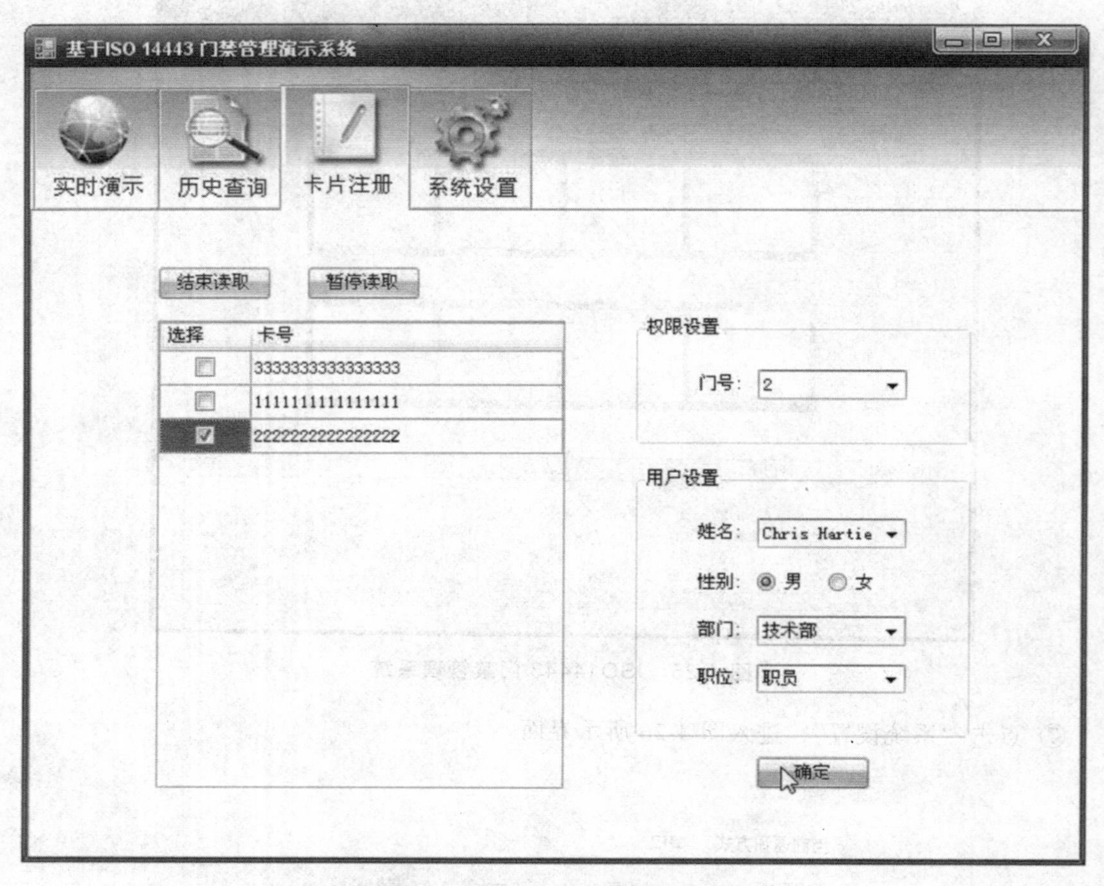

图 4-27　ISO14443A 卡片注册界面

点击“确定”，显示注册成功，如图4-28所示。

图 4-28　注册成功

⑨ 根据不同标签在“实时演示”界面中进行实验。

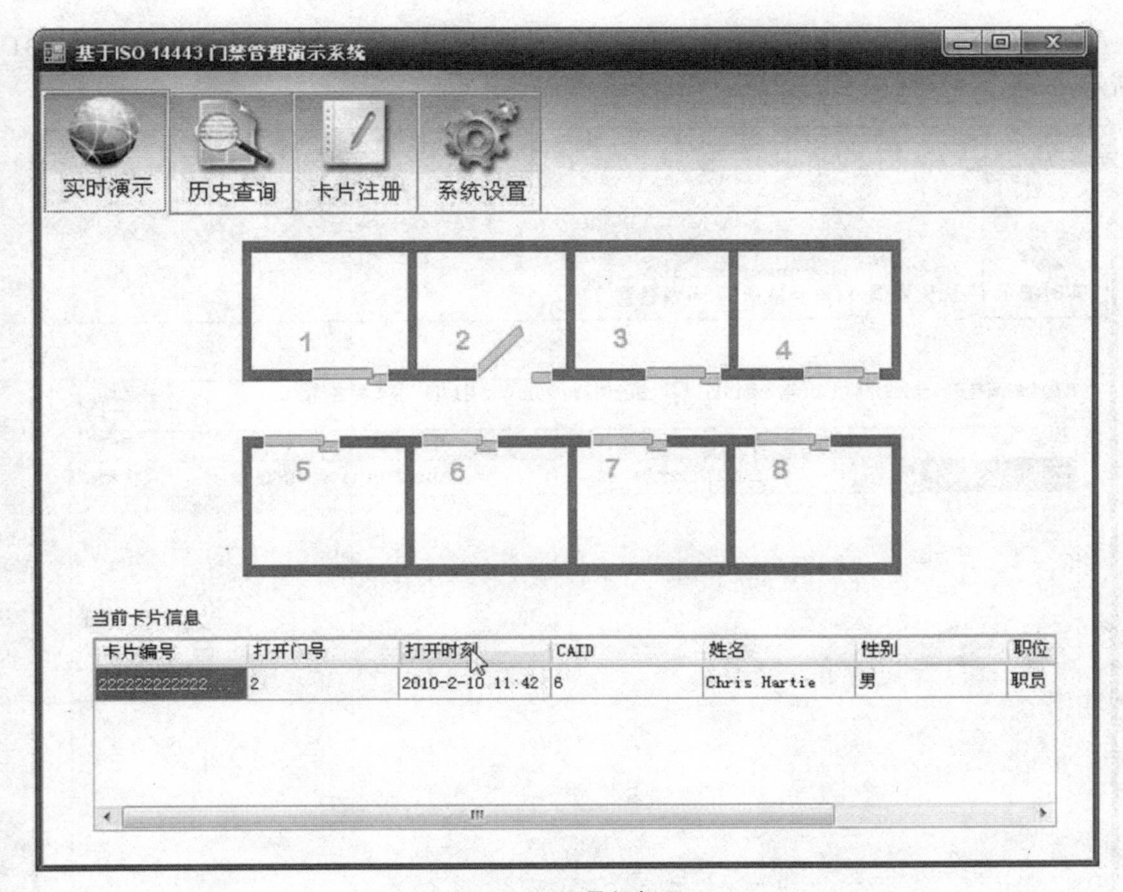

图 4-29　2 号门打开

如果是 ISO14443 标签，此时把标签靠近 HF 阅读器，由于该标签上一步注册为 2 号门，因此，此时在 RFID 演示软件上可以看到，2 号门自动打开了，如图 4-29 所示。一段时间过后，2 号门自动关闭，如图 4-30 所示。

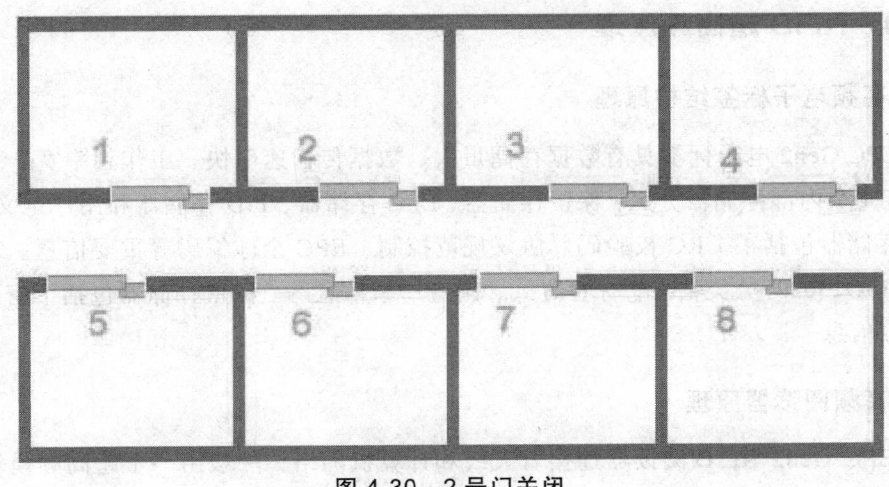

图 4-30　2 号门关闭

⑩ 完成门禁开关的实时演示后，我们可以通过历史查询来了解以前的操作，如图 4-31 所示。

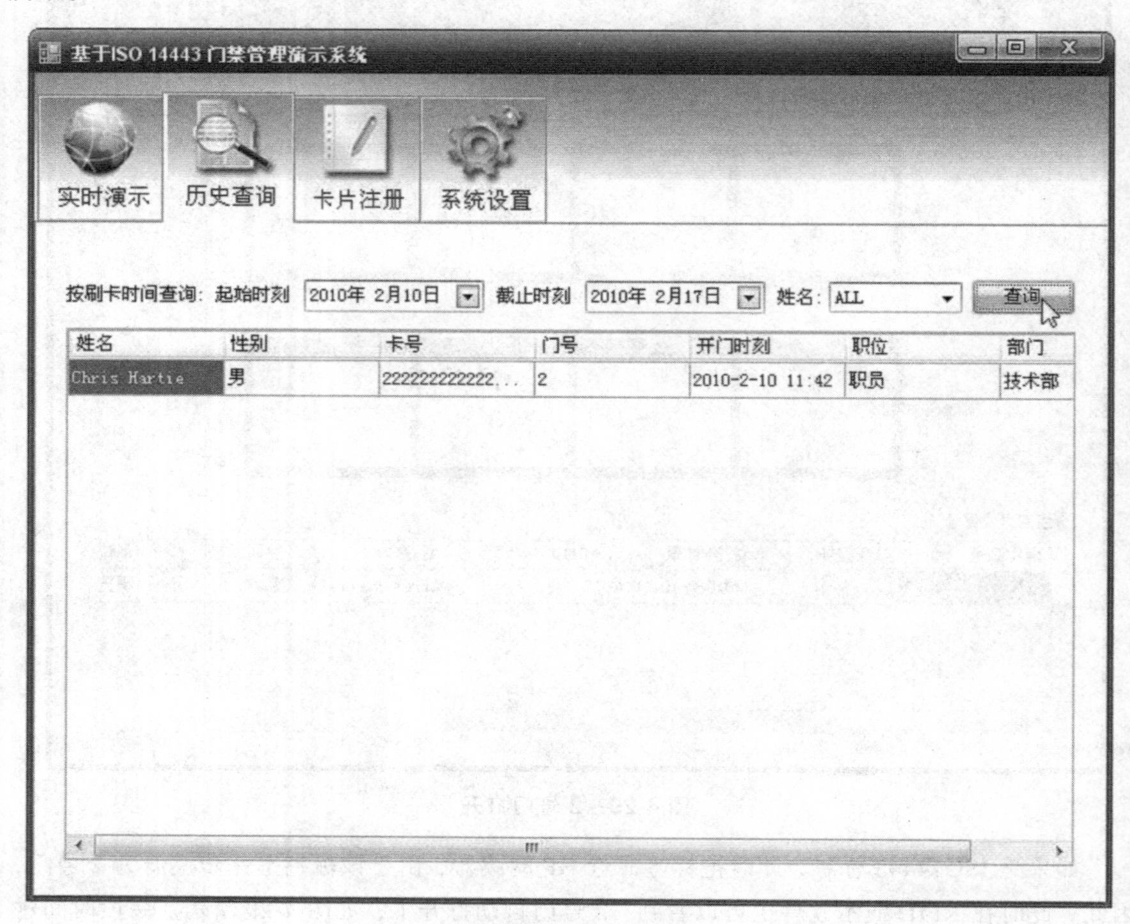

图 4-31　历史查询

4.9.4　RFID 超高频原理

1. 超高频电子标签结构原理

UHF EPC Gen2 电子标签具有数据存储量大、数据传输速率快、工作频率宽、多标签识读，还具有 4 个内部存储器分区：保留存储器、EPC 存储器、TID 存储器和用户定义存储器。

EPC 存储器包括了 CRC 校验码、协议规范控制、EPC 全球编码等重要信息。TID 存储器包括了 ISO15693 分类信息、标签方式、制造厂家信息等。保留存储器包括了密码、销毁标签密码等信息。

2. 超高频阅读器原理

UHF EPC Gen2 RFID 阅读器连接着天线和计算机网络，一般由一个超高频模块和一个高性能微控制器组成。图 4-32 所示是一种超高频阅读器。

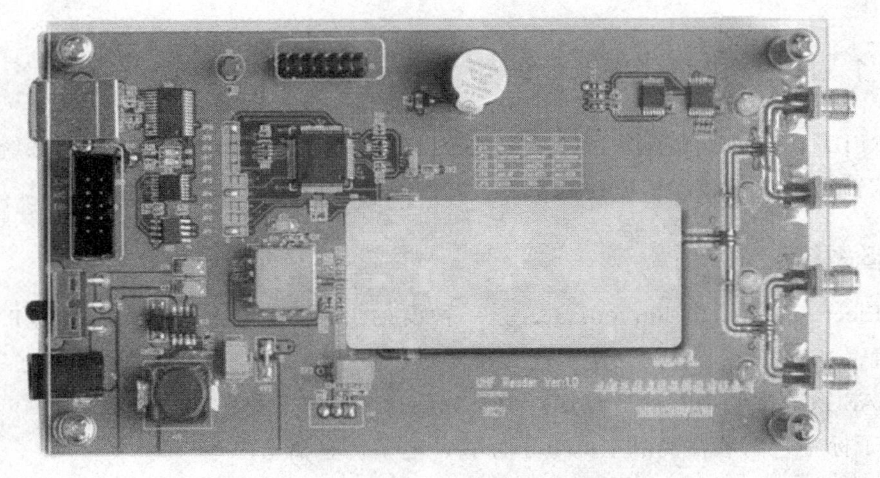

图 4-32　UHF EPC Gen2 阅读器

超高频模块完成调制、解调、EPC 协议处理等多种功能，运行于微处理器的软件包，负责处理协议栈和其他接口数据。并将数据通过 USB 接口或串行接口，送到服务器或网关等。

超高频阅读器工作过程如下。

（1）微控制器接收计算机发来的操作命令，启动应用程序，将相应的操作命令发送到编解码电路。

（2）编码电路根据微控制器传来的操作命令进行编码，形成基带信号送到整形电路和限幅电路进行处理，处理后的信号送往混频器（上变频）。

（3）混频器将编码电路送来的基带信号与本振信号混频，进行 Ask 等调制。

（4）调制信号经带通滤波器滤波，再经功率放大器放大，再送往天线放大器放大，形成最终的发射信号。

（5）环形器将天线放大器电路传来的功率信号送至天线，发给电子标签。

其中，混频器产生的本振信号的频率控制、调制深度设定、功率放大器增益控制均由微控制器根据通信协议以及系统工作条件等因素完成。

无线龙 UHF EPC Gen2 阅读器主要参数如下。

（1）读写 EPC Global 的第二代（Gen2）兼容 RFID 标签和 ISO18000-6 兼容标签，目前有 TI、ST、NXP 等公司在大量生产这些标签。

（2）支持 ISO 18000-6A/6B/6C 和 EPC Class 1- Gen 2 协议。

（3）工作频率 868 ~ 920 MHz。

（4）射频输出功率标准为 0.5 ~ 2 W，读写距离远。

（5）天线输出阻抗 50 Ω，可以自动切换 4 个大功率天线。

（6）阅读器接收灵敏度，优于 – 68 dBm。

4.10 RFID 的种类和应用

4.10.1 RFID 的种类

根据 RFID 系统完成的功能不同，可以把 RFID 系统分成四种类型：EAS 系统、便携式数据采集系统、物流控制系统、定位系统。

1. EAS 系统

EAS(Electronic Article Surveillance)是一种设置在需要控制物品出入门口的 RFID 技术。又称电子商品防窃（盗）系统，是目前大型零售行业广泛采用的商品安全措施之一。

（1）EAS 系统主要由三部分组成：电子标签、解码器、检测器。

① 电子标签，附着在商品上的电子标签，电子传感器。

电子标签分为软标签和硬标签：软标签成本较低，直接粘附在较“硬”商品上，软标签不可重复使用；硬标签一次性成本较软标签高，但可以重复使用。硬标签需配备专门的取钉器，多用于服装类柔软的、易穿透的物品。

② 解码器，电子标签灭活装置，以便授权商品能正常出入。

解码器多为非接触式设备，有一定的解码高度，当收银员收银或装袋时，电子标签无须接触消磁区域即可解码。也有将解码器和激光条码扫描仪合成到一起的设备，做到商品收款和解码一次性完成，方便收银员的工作，此种方式则需和激光条码供应商相配合，排除二者间的相互干扰，提高解码灵敏度。

③ 检测器，又叫监视器，在出口形成一定区域的监视空间。检测器一般由发射器和接收器两个部分组成。其基本原理是利用发射天线将一扫描带发射出去，在发射天线和接收天线之间形成一个扫描区，而在其接收范围内利用接收天线将这频带接收还原，再利用电磁波的共振原理来搜寻特定范围内是否有有效标签存在，当该区域内出现有效标签即触发报警。未经解码的商品带离商场，在经过检测器装置（多为门状）时，会触发报警，从而提醒收银人员、顾客和商场保安人员及时处理。

EAS 检测器如图 4-33 所示。

（2）EAS 系统作用主要体现在以下几方面。

① 防止失窃。

调查显示，安装有 EAS 系统的商家失窃率比没有安装 EAS 系统的商家低 60% ~ 70%。

② 简化管理。

EAS 系统能有效地遏止“内盗”现象，缓和员工和管理者的矛盾，排除员工心理障碍，使员工全身心投入到工作中去，从而提高工作效率。

③ 改善购物气氛。

改变“人盯人”的方式，EAS 系统能给消费者创造良好轻松的购物环境，让其自由地选购商品。

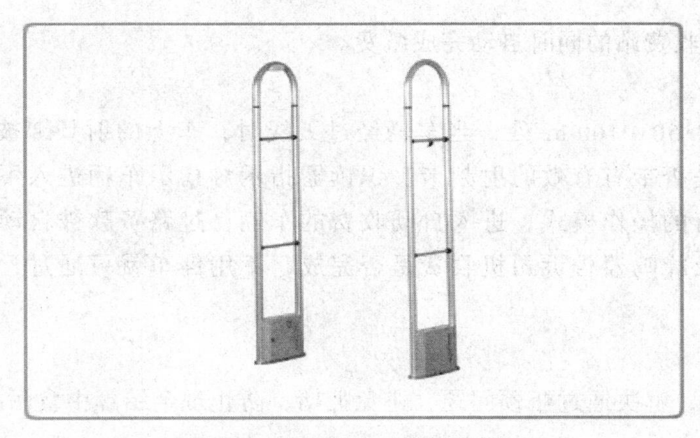

图 4-33　EAS 系统检测器

④ 威慑作用。

⑤ 美化环境。

2. 便携式数据采集系统

便携式数据采集系统是使用带有 RFID 阅读器的手持式数据采集器采集 RFID 标签上的数据。这种系统具有比较大的灵活性，适用于不宜安装固定式 RFID 系统的应用环境。

手持式阅读器（数据输入终端）可以在读取数据的同时，通过无线电波传输方式实时地向主计算机系统传输数据，也可以暂时将数据存储在阅读器中，成批地向主计算机系统传输数据。

3. 物流控制系统

在物流控制系统中，RFID 阅读器分散布置在给定的区域，并且阅读器直接与数据管理信息系统相连，信号发射机是移动的，一般安装在移动的物体、人上面。当物体、人流经阅读器时，阅读器会自动扫描标签上的信息并把数据信息输入数据管理信息系统进行存储、分析和处理，以达到控制物流的目的。

4. 定位系统

定位系统用于自动化加工系统中的定位，以及对车辆、轮船等进行运行定位支持。

阅读器放置在移动的车辆、轮船或者自动化流水线中移动的物料、半成品和成品上，信号发射机嵌入到操作环境的地表下面。

信号发射机上存储有位置识别信息，阅读器一般通过无线的方式（有的采用有线的方式）连接到主信息管理系统。

4.10.2　RFID 的应用

1. 交通运输管理

（1）系统特点。

车辆高速通过收费站的同时自动完成缴费。

（2）工作过程。

在距收费口约 50 ~ 100 m 处，当车辆经过天线时，车上的射频卡被头顶上的天线接收到，判断车辆是否带有有效的射频卡。识读器指示灯指示车辆进入不同的车道，人工收费口仍维持现有的操作模式；进入自动收费的车辆，过路费款被自动从用户账户上扣除，且用指示灯及蜂鸣器告诉司机收费是否完成，不用停车就可通过，挡车器将拦下恶意闯入的车辆。

（3）优点。

自动完成缴费；解决通过瓶颈问题，避免拥堵；防止现金结算中贪污路费等问题。

2. 流通领域

（1）嵌入 RFID 的电子票证。

电子票证不易损毁且防伪性能佳，可多次使用，减少了资源浪费，票证中的信息可以修改和实时更新。后台系统利用电子票证的信息可以完成各种数据的实时统计，进行群体个性分析，了解客户需求倾向。

例如德国世界杯门票，在每张球票的夹层里存有写入持票人个人信息的储存标签，在球迷进入赛场时，纸质门票需要经过专门的扫描识别，用以识别球迷身份，保证安全。同时，RFID 识别技术还可防止非法倒卖以及伪造门票。

（2）零售行业利用 RFID 技术进行商品跟踪、及时补货和金融支付等。

3. RFID 集装箱管理

大型集装箱港口（如上海港）在集装箱上安装有源电子标签，通过手持式 RFID 阅读器对整个港口内的集装箱扫描识别管理。

RFID 集装箱管理优势如下。

① 减少港口集装箱误放，减少集装箱和货物丢失现象，可对集装箱精确控制。

② 有效消除集装箱在运输过程中的错箱、漏箱。

③ 加快集装箱通关速度，提高集装箱运输的准确性，全面提升集装箱运输的服务水平。

④ 电子封条能实时记录集装箱开门的时间和次数，有效地解决了“谁动了我的箱子”的问题。

⑤ 解决了人工抄号易出现人为差错和全程信息交流不及时的问题。

⑥ 避免检查登记工作人员长期接触恶劣的环境。

4. 展览馆的综合应用管理

根据各个频段 RFID 系统的基本特点，电子门票子系统使用高频 RFID 技术，展馆人员定位和物品管理使用有源的 RFID 技术。

为了实现展览馆人员定位、资产管理、电子门票及语音导览四个功能的统一性，降低系统复杂度，提高系统稳定性，游客及工作人员使用有源 2.4 GHz 标签及无源高频 13.56 MHz 标签的双频复合卡。

① 电子票务功能。

使用双频卡中的高频功能，取消纸质门票的使用，借助自动检票机采集的游客出入时间，进行下一步数据分析预测人流高峰等情况，实现精细化管理。另外，对于展馆工作人员，双频卡的高频功能也是展馆某些区域的门禁卡。

② 人员定位管理功能。

对于展览馆内的游览及工作人员，使用双频卡中的 2.4 GHz 有源部分的功能，同时借助展览馆内布设的无线路由器，可以实现人员的定位功能，借助电子地图可直观的显示展馆内人员分布情况，合理的导引游览线路。

③ 资产管理功能。

对于展览馆内的贵重资产，通过安装附加传感器的 2.4 GHz 有源标签，实现资产的防盗侦测，借助展览馆内布设的无线路由器可对其进行路径追踪，有效防止资产丢失。

④ 语音导览功能。

在人员定位的基础上进行展位区域划分，并合理的制订语音导览策略，使每一个进入该展位的游客均可收听到该展位的详细介绍。图 4-34 是以上几个功能模块的系统物理架构。

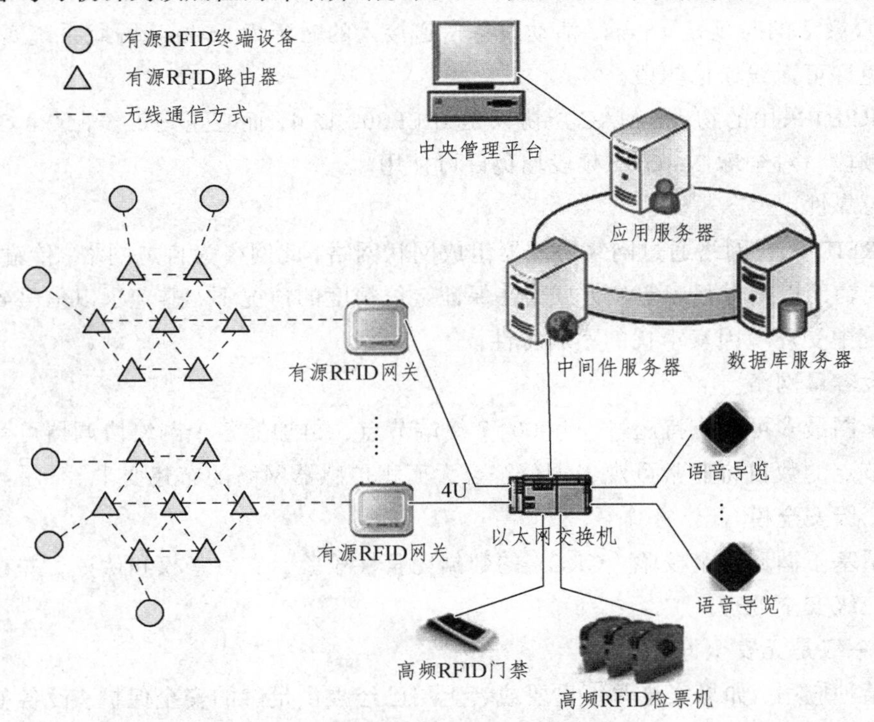

图 4-34 展览馆各功能模块系统物理架构

展览馆有源 RFID 定位及防盗子系统的显著特点就是低速率、低功耗、低成本、自配置和灵活的网络拓扑结构。

（1）低速率。

根据不同的工作频段，其数据传输速率会有所不同，但都处于较低的速率。在 2.4 GHz 频段，有 16 个速率为 250 kb/s 的信道。从能量消耗和成本、效率来看，此数据速率能为这两种应用提供更好的支持，同时通过子网划分防止数据量过大造成网络阻塞。

（2）低功耗。

在工作模式下，由于有源 RFID 的传输速率低，传输数据量很小，因此信号的收/发时间短；而在非工作模式时，终端节点又处于休眠模式。加之设备的搜索、休眠激活和信道接入时延都很短，使得终端节点非常省电。一般终端节点的电池工作时间可以长达 6～24 月。有源 RFID 标签在协议中对电池的使用也做了优化。对于典型的应用，碱性电池寿命有可能达到数年；对于某些工作时间和总时间（工作时间+休眠时间）之比小于 1%的情况，电池的寿命甚至可以超过 10 年。

（3）低成本。

由于有源 RFID 相对于蓝牙、Wi-Fi 要简单得多（成本不到蓝牙的 1/10），降低了对通信控制器的要求，因此可以采用 8 位单片机和规模很小的存储器，大大降低了器件成本。

（4）短时延。

有源 RFID 通信时延以及从休眠状态激活的时延都非常短。典型的搜索设备时延为 30 ms，休眠激活的时延是 15 ms，活动设备信道接入的时延为 15 ms，因此系统实时性很高。

（5）免许可无线通信频段。

有源 RFID 采用的物理、MAC 层协议是 IEEE802.15.4，而它正是工作在 2.4 GHz 的工业科学医疗频段，对全球 2.4 GHz 频段均免许可使用。

（6）可靠性。

有源 RFID 无线网络通过网络协调器组成网状网络，此网络为自愈网络，传输可靠性高。另外，系统辅助以信号强度定位方式，在保证定位精度的情况下，避免了以信号到达时间进行定位系统中受环境因素干扰的不利特性。

（7）大容量网络。

每个子网最多可以支持超过 64 000 个终端节点，再加上各个网络协调器可互相连接，整个网络节点的数目将非常可观，十分符合大面积传感器网络的布建要求。

（8）三级安全模式。

提供了基于循环冗余校验（CRC）的数据完整性校验，支持鉴权和认证，并在数据传输中提供了三级安全处理。

① 第一级是无安全方式。

对于某种应用，如果安全并不重要或者上层已经提供足够的安全保护，设备就可以选择这种方式来转移数据。

② 第二级安全处理。

设备可以使用接入控制列表（ACL）来防止非法设备获取数据，在这一级不采取加密措施。

③ 第三级安全处理。

在数据传输中采用属于高级加密标准（AES-128）的对称密码，AES可以用来保护数据净荷和防止攻击者冒充合法设备。不同的应用可以灵活确定其安全属性。

（9）维护简便。

除需定期根据设备提示更换电池以外，系统及产品稳定性极高，不需大量人工维护。例如，一个700台路由器的有源RFID系统，建设完成后3年内，路由器故障不足20台，故障率极低。

展览馆RFID系统软件架构如图4-35所示。

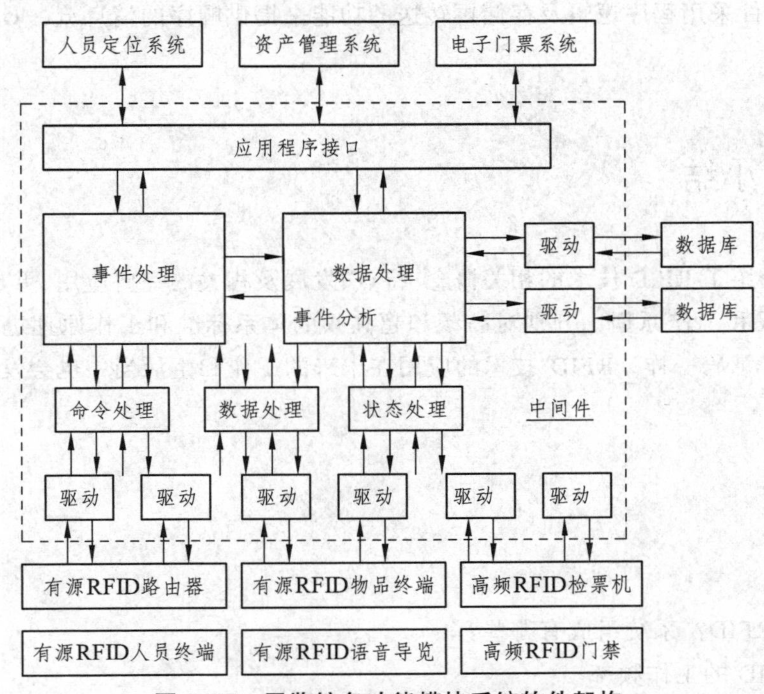

图4-35 展览馆各功能模块系统软件架构

对于整个系统的逻辑架构，RFID中间件扮演RFID标签和应用程序之间的中介角色，从应用程序端使用中间件所提供一组通用的应用程序接口（API），即能连到RFID阅读器，读取RFID标签数据。这样一来，即使存储RFID标签数据的数据库软件或后端应用程序增加或改由其他软件取代，或者RFID阅读器种类增加等情况发生时，应用端不需修改也能处理，省去多对多连接的维护复杂性问题。

RFID中间件是一种面向消息的中间件（Message-Oriented Middleware，MOM），信息（Information）是以消息（Message）的形式，从一个程序传送到另一个或多个程序。信息可以以异步（Asynchronous）的方式传送，所以传送者不必等待回应。面向消息的中间件包含的功能不仅是传递（Passing）信息，还必须包括解译数据、安全性、数据广播、错误恢复、定位网络资源、找出符合成本的路径、消息与要求的优先次序以及延伸的除错工具等服务。

由于引入了RFID中间件，使得系统有了以下几点突出优势。

（1）独立于架构。

RFID 中间件独立并介于 RFID 阅读器与后端应用程序之间，并且能够与多个 RFID 阅读器以及多个后端应用程序连接，以减轻架构与维护的复杂性。

（2）数据流。

RFID 的主要目的在于将实体对象转换为信息环境下的虚拟对象，因此数据处理是 RFID 最重要的功能。RFID 中间件具有数据的搜集、过滤、整合与传递等特性，以便将正确的对象信息传到企业后端的应用系统。

（3）处理流。

RFID 中间件采用程序逻辑及存储再转送的功能来提供顺序的消息流，具有数据流设计与管理的能力。

4.11 本章小结

本章主要介绍了 RFID 技术的相关概念、特点、发展及相关的一些应用，重点介绍了 RFID 技术的系统组成和工作原理，分别对高频和超高频的体系标准和工作原理进行了详细的阐述。同上一章二维码一样，RFID 技术的应用在未来的工作和生活当中也会发挥出自己独特的优势。

习 题

1. 什么是 RFID？系统组成有哪些？
2. 简述 RFID 的工作频率。
3. 简述 RFID 的基本工作原理及数据传输的方式。
4. 简述 RFID 系统中电子标签的组成及工作流程。
5. 简述 RFID 系统中阅读器的组成及工作流程。
6. 简述 RFID 系统中天线的作用及种类。
7. 简述 RFID 系统的种类。
8. 比较 RFID 技术和条形码技术等其他识别技术的优缺点。

5 传感器和无线传感器网络

人类通过大自然发出的信息了解物质世界的属性和规律。获取与诠释这种信息的能力，使人们能够理解宇宙。信息是人类科学活动的基础，在自然科学与工程技术领域，学科的前沿常常止步于难以获取信息的地方。

信息既不是物质，也不是能量。在物理学家眼中，信息是一种负熵。它们以物质和能量作为载体，人们通过对物质和能量特征差异性的研究得以了解它们。人是通过视觉、嗅觉、听觉及触觉等感官来感知外界的信息，感知的信息输入大脑进行分析判断（即人的思维）和处理，再指挥人作出相应的动作，这是人类认识世界和改造世界具有的最基本的本能。但是通过人的五官感知外界的信息非常有限，例如，人不能利用触觉来感知超过几十甚至上千度的温度，而且也不可能辨别温度的微小变化，这就需要电子设备的帮助。同样，利用电子仪器特别是计算机控制的自动化装置来代替人的劳动，那么计算机类似于人的大脑，而仅有大脑而没有感知外界信息的“五官”显然是不足够的，中央处理系统也还需要它们的“五官”——传感器。

人的五官是功能非常复杂、灵敏的“传感器”，例如人的触觉是相当灵敏的，它可以感知外界物体的温度、硬度、轻重及外力的大小，还可以具有电子设备所不具备的“手感”，例如棉织物的手感，液体的黏稠感等。然而人的五官感觉大多只能对外界的信息作“定性”感知，而不能作定量感知。而且有许多物理量人的五官是感觉不到的，例如对磁性就不能感知。视觉可以感知可见光部分，对于频域更加宽的非可见光谱则无法感觉得到，如红外线和紫外线光谱，人类却是“视而不见”。借助温度传感器很容易感知几百度到几千度的温度，而且要做到1℃的分辨率轻而易举。同样借助红外和紫外线传感器，便可感知到这些不可见光，所以人类才制造出了具有广泛用途的红外夜视仪和 X 光诊断设备，这些技术在军事、国防及医疗卫生领域有着极其重要的作用。

传感器技术是测量技术、微电子学技术、半导体技术、光学、声学、精密机械、计算机技术、信息处理技术、仿生学和材料学等众多学科相互交叉的一门前沿技术，是现代信息社会的重要基础，同时也是自动检测和自动控制技术中重要的组成部分。

5.1 传感器

传感器是一种能把物理量或化学量转变成便于利用的电信号的器件。

图 5-1 是传感器的内部结构图。

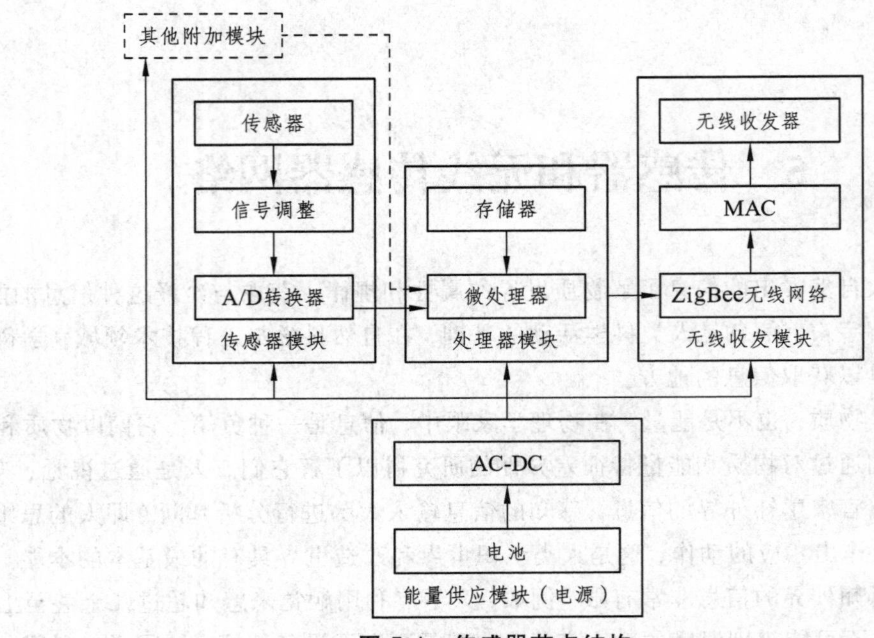

图 5-1 传感器节点结构

5.1.1 传感器定义

国际电工委员会（International Electrotechnical Committee，IEC）的定义为："传感器是测量系统中的一种前置部件，它将输入变量转换成可供测量的信号"。

我国国家标准（GB7665—1987）定义的"传感器"是：能感受规定的被测量并按照一定的规律转换成可用输出信号的器件或装置。通常由敏感元器件和转换元器件组成。

传感器定义包含了以下几方面的内容。

① 传感器是测量装置，能完成检测任务。

② 它的输出量是某一被测量，可能是物理量，也可能是化学量、生物量等。

③ 它的输出量是某种物理量，这种量要便于传输、转换、处理、显示等。这种量可以是气、光、电量，但主要是电量（电压、电流、电容、电阻等）。

④ 输出输入有对应关系，且应有一定的精确程度。

5.1.2 传感器的组成

传感器是检测系统的第一个环节。它是以一定的精度把被测量转换成与之有确定关系的、便于应用的某种量值的测量装置。传感器的功能是一"感"二"传"，即感受被测信息，并传送出去。根据传感器的功能要求，它一般应由三部分组成：敏感元件、转换元件和转换电路，如图 5-2 所示。

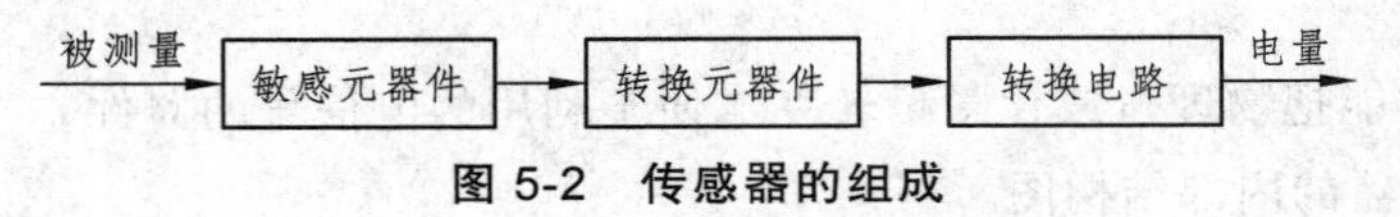

图 5-2 传感器的组成

（1）敏感元件。

它是直接感受被测量，并输出与被测量成确定关系的某一物理量的元件。

（2）转换元件。

敏感元件的输出就是它的输入，它把输入转换成电路参量。

（3）转换电路。

电路参数接入基本转换电路（简称转换电路），便可转换成电量输出。传感器只完成被测参数至电量的基本转换，然后输入到测控电路，进行放大、运算、处理等进一步转换，以获得被测值或进行过程控制。

5.1.3 传感器分类

我们可以用不同的观点对传感器进行分类：它们的转换原理（传感器工作的基本物理或化学效应）；它们的用途；它们的输出信号类型以及制作它们的材料和工艺等。

（1）根据传感器应用的原理，可分为物理传感器和化学传感器二大类。

① 物理传感器应用的是物理效应。例如压电效应、磁致伸缩现象、离化、极化、热电、光电、磁电等效应。被测信号量的微小变化都将转换成电信号。

② 化学传感器包括那些以化学吸附、电化学反应等现象为因果关系的传感器，被测信号量的微小变化也将转换成电信号。

（2）根据传感器的作用，传感器可分类为：力敏传感器、位置传感器、液面传感器、能耗传感器、速度传感器、热敏传感器、射线辐射传感器、加速度传感器。

（3）根据传感器的工作原理，传感器可分为：振动传感器、湿敏传感器、气敏传感器、磁敏传感器、真空度传感器、生物传感器等。

（4）以其输出信号为标准可将传感器分为：模拟传感器、数字传感器、膺数字传感器、开关传感器。

① 模拟传感器：将被测量的非电学量转换成模拟电信号。

② 数字传感器：将被测量的非电学量转换成数字输出信号（包括直接和间接转换）。

③ 膺数字传感器：将被测量的信号量转换成频率信号或短周期信号的输出（包括直接或间接转换）。

④ 开关传感器：当一个被测量的信号达到某个特定的阈值时，传感器相应地输出一个设定的低电平或高电平信号。

在外界因素的作用下，所有材料都会作出相应的、具有特征性的反应。它们中的那些对外界作用最敏感的材料，即那些具有功能特性的材料，被用来制作传感器的敏感元件。

（5）按照其制造工艺，可以将传感器区分为：集成传感器　薄膜传感器　厚膜传感器、陶瓷传感器。

5.1.4 各类传感器的功能

① 生物传感器。

对生物物质敏感并将其浓度转换为电信号进行检测，涉及的是生物物质。主要用于临床诊断检查、治疗时实施监控、发酵工业、食品工业、环境和机器人等。

② 汽车传感器。

它把汽车运行中各种工况信息，如车速、各种介质的温度、发动机运转工况等，转化成电信号输出给计算机，测量温度、压力、流量、位置、气体浓度、速度、光亮度、干湿度、距离等。

③ 液位传感器。

利用流体静力学原理测量液位，是压力传感器的一项重要应用，适用于石油化工、冶金、电力、制药、供排水、环保等系统和行业的各种介质的液位测量。

④ 速度传感器。

是一种将非电量（如速度、压力）的变化转变为电量变化的传感器，适用于速度监测。

⑤ 加速度传感器。

是一种能够测量加速力的电子设备，可应用在控制、手柄振动和摇晃、仪器仪表、汽车制动启动检测、地震检测、报警系统、玩具、结构物、环境监视、工程测振、地质勘探、铁路、桥梁、大坝的振动测试与分析，以及高层建筑结构动态特性和安全保卫振动侦察上。

⑥ 核辐射传感器。

利用放射性同位素来进行测量的传感器，适用于核辐射监测。

⑦ 振动传感器。

是一种目前广泛应用的报警检测传感器，它内部用压电陶瓷片加弹簧重锤结构检测振动信号，用于机动车、保险柜、库房门窗等场合的防盗装置中。

⑧ 湿度传感器。

分为电阻式和电容式两种，产品的基本形式都为在基片涂覆感湿材料形成感湿膜。空气中的水蒸气吸附于感湿材料后，元件的阻抗、介质常数发生很大的变化，从而制成湿敏元件，适用于湿度监测。

⑨ 磁敏传感器。

利用磁场作为媒介可以检测很多物理量的传感器，测量位移、振动、力、转速、加速度、流量、电流、电功率等。

⑩ 气敏传感器。

是一种检测特定气体的传感器，适用于一氧化碳气体、瓦斯气体、煤气、氟利昂（R11、R12）、呼出气体中的乙醇、人体口腔口臭的检测等。

⑪ 力敏传感器。

是用来检测气体、固体、液体等物质间相互作用力的传感器，适用于力度监测。

⑫ 位置传感器。

用来测量机器人自身位置的传感器，适用于机器人控制系统。

⑬ 光敏传感器。

是利用光敏元件将光信号转换为电信号的传感器，适用于对光的探测；还可以作为探测元件组成其他传感器，对许多非电量进行检测。

⑭ 光纤传感器。

是将来自光源的光经过光纤送入调制器，使待测参数与进入调制区的光相互作用后，导致光的光学性质发生变化，称为被调制的信号光，再经过光纤送入光探测器，经解调后，获得被测参数，适用于对磁、声、压力、温度、加速度、陀螺、位移、液面、转矩、光声、电流和应变等物理量的测量。

⑮ 纳米传感器。

运用纳米技术制造的传感器，应用领域为生物、化学、机械、航空、军事等。

⑯ 压力传感器。

是工业实践中最为常用的一种传感器，广泛应用于各种工业自控环境，涉及水利水电、铁路交通、智能建筑、生产自控、航空航天、军工、石化、油井、电力、船舶、机床、管道等众多行业。

⑰ 位移传感器。

又称为线性传感器，它分为电感式位移传感器、电容式位移传感器、光电式位移传感器、超声波式位移传感器、霍尔式位移传感器，主要应用在自动化装备生产线对模拟量的智能控制。

⑱ 激光传感器。

利用激光技术进行测量的传感器，广泛应用于国防、生产、医学和非电测量等。

⑲ MEMS 传感器。

包含硅压阻式压力传感器和硅电容式压力传感器，两者都是在硅片上生成的微机械电子传感器，广泛应用于国防、生产、医学和非电测量等。

⑳ 半导体传感器。

利用半导体材料的各种物理、化学和生物学特性制成的传感器，适用于工业自动化、遥测、工业机器人、家用电器、环境污染监测、医疗保健、医药工程和生物工程。

㉑ 气压传感器。

用于测量气体的绝对压强，适用于与气体压强相关的物理实验，也可以在生物和化学实验中测量干燥、无腐蚀性的气体压强。

㉒ 红外线传感器。

利用红外线的物理性质来进行测量的传感器，常用于无接触温度测量、气体成分分析和无损探伤，应用在医学、军事、空间技术和环境工程等领域。

㉓ 超声波传感器。

是利用超声波的特性研制而成的传感器，广泛应用在工业、国防、生物医学等。

㉔ 遥感传感器。

是测量和记录被探测物体的电磁波特性的工具，用在地表物质探测、遥感飞机上或是人造卫星上。

㉕ 高度传感器。

其原理是测得滑臂与基准线夹角的大小来换算出相应的熨平板高度，用于高度测量。

㉖ 地磅传感器。

是一种将质量信号转变为可测量的电信号输出的装置，用于称重。

㉗ 图像传感器。

是利用光电器件的光电转换功能，将其感光面上的光像转换为与光像成相应比例关系的电信号“图像”的一种功能器件，广泛用于自动控制和自动测量，尤其是适用于图像识别技术。

㉘ 厚度传感器。

测量材料及其表面镀层厚度的传感器，用于厚度测量。

㉙ 微波传感器。

是利用微波特性来检测一些物理量的器件，广泛用于工业、交通及民用装置中。

㉚ 视觉传感器。

能从一整幅图像捕获数以千计的像素，工业应用包括检验、计量、测量、定向、瑕疵检测和分捡。

㉛ 空气流量传感器。

是测定吸入发动机的空气流量的传感器，适用于汽车发动机。

㉜ 化学传感器。

对各种化学物质敏感并将其浓度转换为电信号进行检测的仪器，适用于矿产资源的探测、气象观测和遥测、工业自动化、医学远距离诊断和实时监测、农业生鲜保存和鱼群探测、防盗、安全报警和节能等。

5.1.5 传感器的基本特性

传感器的特性是指传感器的输入量和输出量之间的对应关系。通常把传感器的特性分为两种：静态特性和动态特性。

一般来说，传感器的输入和输出关系可用微分方程来描述。理论上，将微分方程中的一阶及以上的微分项取为零时，即可得到静态特性。因此传感器的静特性是其动特性的一个特例。

1. 传感器的静态特性

静态特性是指输入不随时间而变化的特性，它表示传感器在被测量各个值处于稳定状态下输入输出的关系。

传感器静态特性的主要指标有：线性度、灵敏度、重复性、迟滞、分辨率、漂移、稳定性等。

传感器的输入/输出所受外部影响如下。

输入的外部影响：冲振、电磁场、线性、滞后、重复性、灵敏度、误差因素。

输出的外部影响：温度、供电、各种干扰稳定性、温漂、稳定性、分辨力、误差因素。

人们总希望传感器的输入与输出成唯一的对应关系，而且最好呈线性关系。但一般情况下，输入/输出不会完全符合所要求的线性关系，因传感器本身存在着迟滞、蠕变、摩擦等各种因素，以及受外界条件的各种影响。

2. 传感器的动态特性

动态特性是指输入随时间而变化的特性，它表示传感器对随时间变化的输入量的响应特性。

很多传感器要在动态条件下检测，被测量可能以各种形式随时间变化。只要输入量是时间的函数，则其输出量也将是时间的函数，它们的关系要用动特性来说明。设计传感器时要根据其动态性能要求与使用条件选择合理的方案和确定合适的参数；使用传感器时要根据其动态特性与使用条件确定合适的使用方法，同时对给定条件下的传感器动态误差作出估计。总之，动特性是传感器性能的一个重要方面，对其进行研究与分析十分必要。总的来说，传感器的动特性取决于传感器本身，另一方面也与被测量的形式有关。

在研究动态特性时，通常只能根据“规律性”的输入来考虑传感器的响应。复杂周期输入信号可以分解为各种谐波，所以可用正弦周期输入信号来代替。其他瞬变输入不及阶跃输入来得严峻，可用阶跃输入代表。因此，“标准”输入只有三种：正弦周期输入、阶跃输入和线性输入。而经常使用的是前两种。

传感器除了描述输入与输出量之间的关系特性外，还有与使用条件、使用环境、使用要求等有关的特性。

5.1.6 传感器的选用方法

现代传感器在原理与结构上千差万别，如何根据具体的测量目的、测量对象以及测量环境合理地选用传感器，是在进行测量时首先要解决的问题。当传感器确定之后，与之相配套的测量方法和测量设备也就可以确定了。测量结果的成败，在很大程度上取决于传感器的选用是否合理。

（1）根据测量对象与测量环境确定传感器的类型。

我们要进行一个具体的测量工作，首先要考虑采用何种原理的传感器，这需要分析多方面的因素之后才能确定。因为，即使是测量同一物理量，也有多种原理的传感器可供选用，哪一种原理的传感器更为合适，则需要根据被测量的特点和传感器的使用条件考虑以下一些具体问题。

① 量程的大小。

② 被测位置对传感器体积的要求。

③ 测量方式为接触式还是非接触式。

④ 信号的引出方法，有线或是非接触测量。

⑤ 传感器的来源，国产还是进口，价格能否承受，还是自行研制。

在考虑上述问题之后就能确定选用何种类型的传感器，然后再考虑传感器的具体性能指标。

（2）灵敏度的选择。

通常，在传感器的线性范围内，希望传感器的灵敏度越高越好。因为只有灵敏度高时，与被测量变化对应的输出信号的值才比较大，有利于信号处理。但要注意的是，传感器的灵敏度高，与被测量无关的外界噪声也容易混入，也会被放大系统放大，影响测量精度。因此，要求传感器本身应具有较高的信噪比，尽量减少从外界引入的干扰信号。

传感器的灵敏度是有方向性的。当被测量是单向量，而且对其方向性要求较高，则应选择其他方向灵敏度小的传感器；如果被测量是多维向量，则要求传感器的交叉灵敏度越小越好。

（3）频率响应特性。

传感器的频率响应特性决定了被测量的频率范围，必须在允许频率范围内保持不失真的测量条件，实际上传感器的响应总有一定延迟，希望延迟时间越短越好。

传感器的频率响应高，可测的信号频率范围就宽，而由于受到结构特性的影响，机械系统的惯性较大，因此频率低的传感器可测信号的频率较低。

在动态测量中，应根据信号的特点（稳态、瞬态、随机等）响应特性，以免产生过大的误差。

（4）线性范围。

传感器的线性范围是指输出与输入成正比的范围。从理论上讲，在此范围内，灵敏度保持定值。传感器的线性范围越宽，则其量程越大，并且能保证一定的测量精度。在选择传感器时，当传感器的种类确定以后首先要看其量程是否满足要求。

实际上，任何传感器都不能保证绝对的线性，其线性度也是相对的。当所要求测量精度比较低时，在一定的范围内，可将非线性误差较小的传感器近似看作线性的，这会给测量带来极大的方便。

（5）稳定性。

传感器使用一段时间后，其性能保持不变的能力称为稳定性。影响传感器长期稳定性的因素除传感器本身结构外，主要是传感器的使用环境。因此，要使传感器具有良好的稳定性，传感器必须要有较强的环境适应能力。

在选择传感器之前，应对其使用环境进行调查，并根据具体的使用环境选择合适的传感器，或采取适当的措施，减小环境的影响。

传感器的稳定性有定量指标，在超过使用期后，在使用前应重新进行标定，以确定传感器的性能是否发生变化。

在某些要求传感器能长期使用而又不能轻易更换或标定的场合，所选用的传感器稳定性要求更严格，要能够经受住长时间的考验。

（6）精度。

精度是传感器的一个重要的性能指标，它是关系到整个测量系统测量精度的一个重要环节。传感器的精度越高，其价格越昂贵，因此，传感器的精度只要满足整个测量系统的精度要求就可以，不必选得过高。这样就可以在满足同一测量目的的诸多传感器中选择比较便宜和简单的传感器。

如果测量目的是定性分析的，选用重复精度高的传感器即可，不宜选用绝对量值精度高的；如果是为了定量分析，必须获得精确的测量值，就需选用精度等级能满足要求的传感器。

5.1.7 现代传感器技术发展

当今传感器技术的主要发展方向主要是向智能化发展。随着微处理器芯片的发展，其性价比逐渐提高，已广泛内置在各种传感器中，在此基础上再利用人工神经网络、人工智能和先进信息处理技术（如传感器信息融合技术、模糊理论等），使传感器具有更高级的智能。

传感器的智能化是一门现代综合技术，它把传感器变换、调理、采集、处理、存储、输出等多种功能集成一体，具有自校准、自补偿、自诊断、自动量程、人机对话、数据自动采集存储与处理等能力，还具有分析、判断、自适应、自学习等功能，大大提高了传感器的测量精确度和方便性，从而可以完成图像识别、特征检测、多维检测等复杂任务。

智能传感器的功能是通过模拟人的感官和大脑的协调动作，结合长期以来测量技术的研究和实际经验而提出来的。是一个相对独立的智能单元，它的出现对原来硬件性能的苛刻要求有所减轻，而靠软件帮助可以使传感器的性能大幅度提高。

（1）复合敏感功能。

我们观察周围的自然现象，常见的信号有声、光、电、热、力、化学等。敏感元件测量一般通过两种方式：直接和间接的测量。而智能传感器具有复合功能，能够同时测量多种物理量和化学量，给出能够较全面反映物质运动规律的信息。如加利福尼亚大学研制的复合液体传感器，可同时测量介质的温度、流速、压力和密度。EG&G IC 传感器公司研制的复合力学传感器，可同时测量物体某一点的三维振动加速度、速度、位移等。

（2）自补偿和计算功能。

多年来从事传感器研制的工程技术人员一直为传感器的温度漂移和输出非线性做大量的补偿工作，但都没有从根本上解决问题。而智能传感器的自补偿和计算功能为传感器的温度漂移和非线性补偿开辟了新的道路。这样，放宽传感器加工精密度要求，只要能保证传感器的重复性好，利用微处理器对测试的信号通过软件计算，采用多次拟合和差值计算方法对漂移和非线性进行补偿，从而能获得较精确的测量结果。

（3）自检、自校、自诊断功能。

普通传感器需要定期检验和标定，以保证它在正常使用时足够的准确度，这些工作一般要求将传感器从使用现场拆卸送到实验室或检验部门进行。对于在线测量传感器出现异常则不能及时诊断。采用智能传感器情况则大有改观，首先自诊断功能在电源接通时进行自检，诊断测试以确定组件有无故障。其次根据使用时间可以在线进行校正，微处理器利用存在 EPROM 内的计量特性数据进行对比校对。

（4）信息存储和传输。

随着全智能集散控制系统（Smart Distributed System）的飞速发展，对智能单元要求具备通信功能，用通信网络以数字形式进行双向通信，这也是智能传感器关键标志之一。智能传感器通过测试数据传输或接收指令来实现各项功能。如增益的设置、补偿参数的设置、内检参数设置、测试数据输出等。

5.1.8 现代传感器应用

传感器的应用领域相当广阔，从宇宙开发到科学测量，从工业交通到家用电器，还有环保气象、土木建筑、农林水产、医疗保健、金融流通、海洋及资源开发（如用速度传感器测定海水的流速及探测鱼群）、信息处理及电视广播等都要应用传感器来获取信息、测量参数、调节控制。如用红外传感器进行图像处理和光通信，用光传感器、射线传感器分别检测紫外光、X 射线及其他射线的存含量，在高温、高压、有毒及窄小等一切人所不能到达或不愿去的环境下均可应用传感器获取多种信息。

（1）机械制造业。

在机械制造中，通过距离传感器可以识别物体的形状及其位置；在工业机器人中，要求它能从事越来越复杂的工作，对变化的环境能有更强的适应能力，要求能进行更精确的定位和控制，一个工业机器人用到的传感器，有位置、加速度、速度及压力等内部测控传感器，还有触觉、视觉、接近觉、听觉、嗅觉、味觉等外界测控传感器。例如，为了提高生产水平、保证生产质量，将视觉传感器引入到汽车零部件的装配线中，从而实现对汽车零部件生产过程的严格监控，是一个非常灵活、高效、可靠的办法。

又如，在制药包装行业中，利用视觉传感器检测药品包装情况。如图 5-3 检测药品贴标是否歪斜。

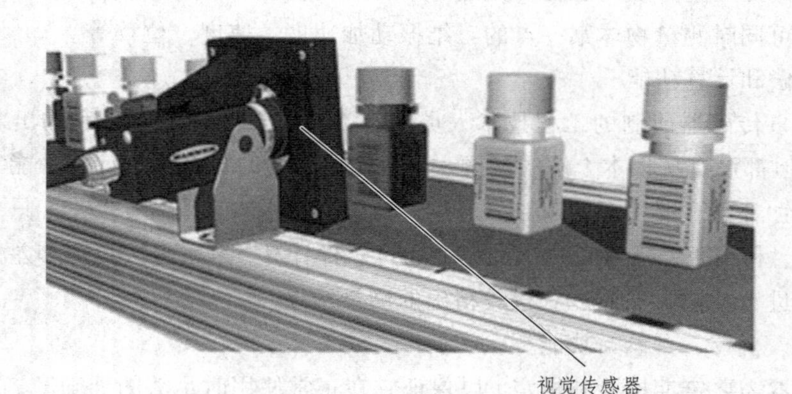

图 5-3 检测药品贴标

（2）国防工业。

在国防工业中，传感器是决定武器的性能和实战能力的重要因素，使用传感器技术和计算机技术可发展智能化电子武器。如在远方战场监视系统、防空系统、雷达系统、导弹系统、飞机上都使用了许多传感器。

歼-10 采用线传控制系统。所谓飞机线传系统，它的设计原理简单地讲就是一个闭环负反馈控制系统，通俗地讲就是在飞机上安装多个传感器用以检测飞机的飞行姿态，这些传感器把采集到的飞行姿态数据实时传输到飞机上的飞行控制计算机，计算机给这些数据一个负增益（就是乘一个负数）并加入到飞机操控系统给出的控制数据中去，以产生一个最终的控制信号。

传感器技术在军用电子系统中的运用，促进了武器、作战指挥、控制、监视和通信方面的智能化，提高了军事战斗力。在宇航中，利用加速度传感器测量人造卫星的加速度。

（3）电力、石油、化学工业。

在电力、石油、化学工业中，为了保证生产过程能正常有效地进行，对工艺参数（如温度、压力、流量等）进行检测和控制，必须采用传感器检测出这些量，以便进行自动控制和集中管理。如冶金工业中的连续铸造生产过程中，钢包液体的检测和高炉铁水硫磷含量分析等，就需要多种多样的传感器为操作人员提供可靠的数据。

（4）环保安全方面。

在环保、安全方面，传感器用于控测易燃、有毒、易爆气体的报警等。如制成的气体成分控测仪、气体报警器、空气净化器等，可用于工厂、矿山、家庭、宾馆、娱乐场所等，对这些地方进行气体监测，预防火灾、爆炸等事故发生，确保环境清新、安全；利用超声波制成超声波汽车尾部防撞探测器和超声波实用探测电路探测器等；用于气囊系统的加速度传感器，能可靠地控测到汽车意外碰撞时加速度的变化信号，通过气囊完成对驾驶人员的人身保护；采用汽车尾气传感器和尾气催化剂（国际上已采用的汽车尾气传感器，为用掺杂的 ZrO_2 做的电解质电池型或用 TiO_2 做的金属氧化物半导体电阻型），解决了以汽油为燃料的汽车尾气污染问题；由于热释电红外探测器，对人体发出的微弱红外线能量最为敏感，它广泛用于对人体移动的探测，对仓库、商场等场地进行防盗报警和安全防范。

（5）医疗方面。

在医疗卫生方面，生物医学是传感器新的应用领域，通过离子敏感器件，能实现对体液的综合检测；用 DNA 生物传感器能将目标 DNA 的存在转变为可检测的光、电、声等信号，它与传统的标记基因技术方法相比，具有快速、灵敏、操作简便、无污染、并具有分子识别、分离纯化基因等功能；应用约瑟夫逊效应制成的超导量子干涉器，就能检测到连人体自身都感受不到的——人脑及人体心脏所产生的极其微弱的磁场信号；可以用检测 Na+、K+和 H+的离子传感器，同时检测出血液中的 Na+、K+和 H+离子浓度，对诊断心血管疾病有很大的使用价值。如脉搏传感器，可以进行脉率检测、无创心血管功能检测、妊高征检测、中医脉象诊断等。

（6）汽车方面。

汽车传感器作为汽车电子控制系统的信息源，是汽车电子控制系统的关键部件，也是汽车电子技术领域研究的核心内容之一。目前，一辆普通家用轿车上大约安装几十到近百只传感器，而豪华轿车上的传感器数量可达二百余只。汽车传感器在汽车上主要用于发动机控制系统、底盘控制系统、车身控制系统和导航系统中。

发动机控制系统使用的传感器是整个汽车传感器的核心，种类很多，包括温度传感器、压力传感器、位置和转速传感器、流量传感器、气体浓度传感器和爆震传感器等。这些传感器向发动机的电子控制单元（ECU）提供发动机的工作状况信息，供电子控制单元对发动机工作状况进行精确控制，以提高发动机的动力性、降低油耗、减少废气排放和进行故障检测。

压力传感器主要用于检测气缸负压、大气压、涡轮发动机的升压比、气缸内压、油压等。吸气负压式传感器主要用于吸气压、负压、油压检测。汽车用压力传感器应用较多的有电容式、压阻式、差动变压器式（LVDT）、表面弹性波式（SAW）。

电容式压力传感器主要用于检测负压、液压、气压，测量范围 20 ~ 100 kPa，具有输入能量高、动态响应特性好、环境适应性好等特点；压阻式压力传感器受温度影响较大，需要另设温度补偿电路，但适宜大量生产；差动变压器式压力传感器有较大的输出，易于数字输出，但抗干扰性差；表面弹性波式压力传感器具有体积小、质量轻、功耗低、可靠性高、灵敏度高、分辨率高、数字输出等特点，用于汽车吸气阀压力检测，能在高温下稳定地工作，是一种较为理想的传感器。

位置和转速传感器主要用于检测曲轴转角、发动机转速、节气门的开度、车速等。目前，汽车使用的位置和转速传感器主要有交流发电机式、磁阻式、霍尔效应式、簧片开关式、光学式、半导体磁性晶体管式等，其测量范围 0° ~ 360°，精度 ± 0.5°以下，测弯曲角达 ± 0.1。

（7）生活方面。

在生活方面，传感器应用也很广泛。如新一代高清晰度皮肤图像仪，采用目前最先进的硅指纹传感器技术，通过仪器与皮肤的短暂接触，即可绘制出分辨率为 50 μm 的高清晰度皮肤图像，迅速判断肌肤干湿状况。在家庭生活自动化中，利用多种传感器设计烹饪灶，还有洗衣机、空调机、毒气报警器也分别用到湿度、温度、气体等传感器。

5.2 传感器和微控制器接口

单片机的出现促进了检测转换技术与信号处理的结合。传统上对检测变换单一信号的处理，可扩展到同时对被测对象内部的状态信号和环境状态信号进行多信号处理。新一代的传感器都将由一个结构敏感元件和一个表面功能器件复合构成。

在传感器设计中所应用的信号处理新方法，如信号相关、多路输入信号比较、数字滤波、采样处理等，现已普遍采用微机数字化技术来实现，这样不仅使测量功能多样化，还使具有不同测量功能的电路成为紧凑的整体，从而提高检测性能。采用单片机通过软件开发使之成为智能传感器，能适应被测参数的变化来自动补偿、自动校正、自选量程、自寻故障，配有数字输出，实现双向通信，并具有较强的环境适应性。

网络传感器是以嵌入式微处理器为核心，集成了传感器、信号处理器和网络接口的新一代传感器。在网络传感器中，采用嵌入式技术和集成技术，使传感器的体积减小，抗干扰性能和可靠性提高；微处理器的引入，使网络化传感器成为硬件和软件的结合体，根据输入信号进行判断、决策、自动修正和补偿，提高了控制系统的实时性和可靠性。

目前，随着微处理器和单片机技术，特别是无线单片机技术的发展，越来越多的传感器开始通过数字接口，与微控制器和单片机结合，构成智能化和微型化的传感器系统。图 5-4 是一个带有光线、温度传感器的无线节点。

图 5-4　一个带有光线/温度传感器的无线节点

基础 RF2-WSN 无线传感器网络系统内包括光电传感器（光敏电阻）、热电式传感器（温度传感器）、三维加速度传感器、压力传感器、继电器以及声音传感器等多种传感器。它们也是采用数字接口无线单片机和无线网络的，如图 5-5 所示。

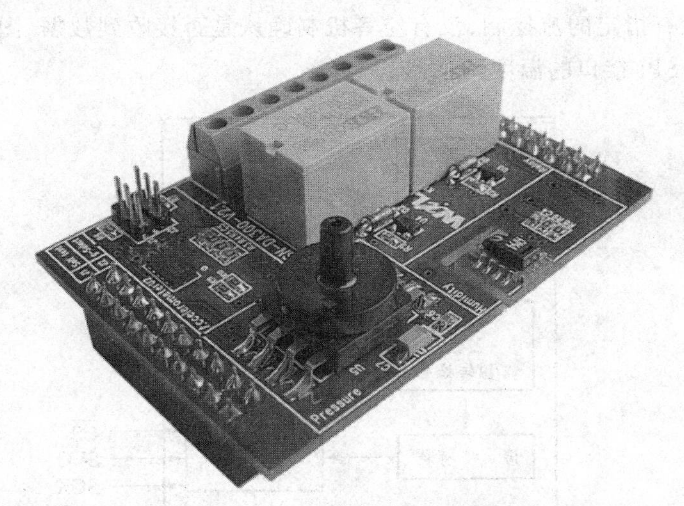

图 5-5　基础 RF2 节点采用多种现代传感器

5.2.1　串行外设接口

串行外设接口（Serial Peripheral Interface，SPI）总线系统是一种同步串行外设接口，它可以使微控制器与各种外围设备（FLASH、RAM、网络控制器、显示驱动器、A/D 转换器、传感器、电机等）以串行方式进行通信以交换信息。

SPI 总线系统可直接与各个厂家生产的多种标准外围器件直接连接。该接口一般使用 4

条线：串行时钟线（SCK）、主机输入/从机输出数据线（MISO）、主机输出/从机输入数据线（MOSI）和低电平有效的从机选择线（SS）。（有的SPI接口芯片带有中断信号线，有的SPI接口芯片没有主机输出/从机输入数据线。）

SPI接口是一种事实标准，并没有标准协议，大部分厂家都是参照Motorola的SPI接口定义来设计的。因为没有确切的版本协议，不同厂家产品的SPI接口在技术上存在一定的差别，容易引起歧义，有的甚至无法直接互连（需要软件进行必要的修改）。

SPI接口主要应用在EEPROM、Flash、实时时钟、A/D转换器，以及数字信号处理器和数字信号解码器之间。

SPI接口是在中央控制器和外围低速器件之间进行同步串行数据传输，在主器件的移位脉冲下，数据按位传输，高位在前，低位在后，为全双工通信，数据传输速度比I^2C总线要快，速度可达到几兆比特。SPI接口是以主从方式工作的，这种模式通常有一个主器件和一个或多个从器件。其接口包括以下四种信号。

① MOSI：主器件数据输出，从器件数据输入。

② MISO：主器件数据输入，从器件数据输出。

③ SCLK：时钟信号，由主器件产生。

④ SS：从器件使能信号，由主器件控制。

在点对点的通信中，SPI接口不需要进行寻址操作，且为全双工通信，显得简单高效。SPI接口的缺点：没有指定的流控制，没有应答机制确认是否接收到数据。图5-6所示的TC77是一个典型的采用SPI接口的温度传感器。

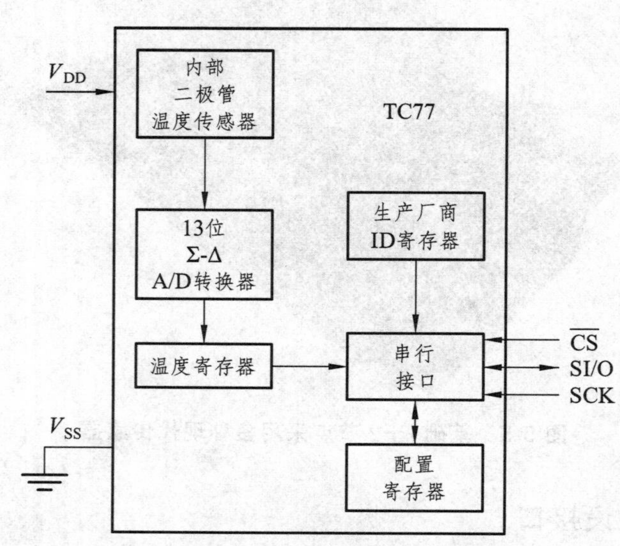

图5-6　TC77内部结构示意图

温度传感器采用的是TC77控制器，TC77是一款13位串行接口输出的集成数字温度传感器，其温度数据由热传感单元转换得来。TC77内部含有一个13位的A/D转换器，温度分辨率为0.0625 °C（最低有效位代表的温度值）。在正常工作条件下，静态电流为250 μA（典型值）。

其他设备与 TC77 的通信由 SPI 串行总线或兼容接口实现，该总线可用于连接多个 TC77，实现多区域温度监控，配置寄存器中的关闭控制位激活低功耗关断模式，此时电流消耗仅为 0.1 μA（典型值）。TC77 具有体积小巧、低装配成本和易于操作的特点，是系统热管理的理想选择。

数字温度传感器 TC77 从固态传感器获得温度并将其转换成数字数据。再将转换后的温度数据存储在其内部寄存器中，并能在任何时候通过 SPI 串行总线接口或兼容接口读取。TC77 有两种工作模式：连续温度转换模式和关断模式。连续温度转换模式用于温度的连续测量和转换，关断模式用于降低电源电流的功耗。

上电或电压复位时，TC77 即处于连续温度转换模式，上电或电压复位时的第一次有效温度转换会持续大约 300 ms，在第一次温度转换结束后，温度寄存器的第 2 位被置为逻辑“1”，而在第一次温度转换期间，温度寄存器的第 2 位是被置为逻辑“0”的，因此，可以通过监测温度寄存器第 2 位的状态判断第一次温度转换是否结束。

图 5-7 为 TC77 的 SPI 接口电路。

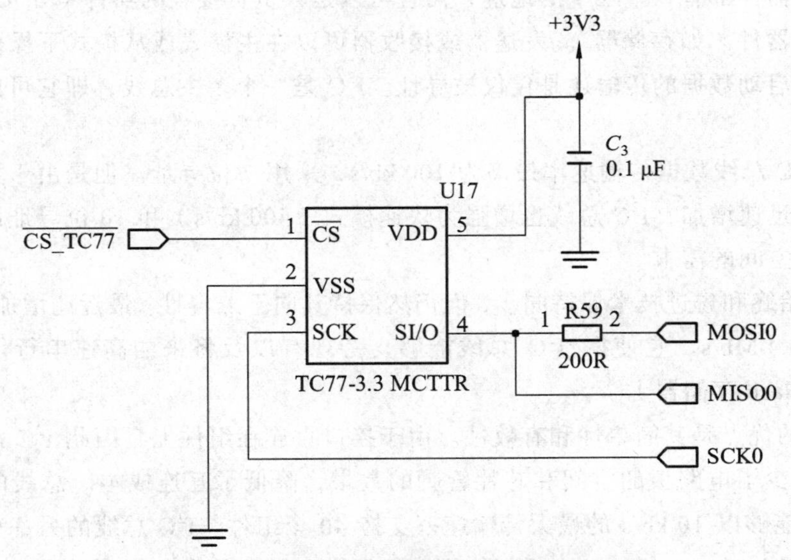

图 5-7 TC77 温度传感器 SPI 接口电路

在得到 TC77 允许后，计算机可将其置为低功耗关断模式，此时，A/D 转换器被中止，温度数据寄存器被冻结，但 SPI 串行总线端口仍然正常运行。通过设置配置寄存器中的关闭控制位，可将 TC77 置于低功耗关断模式：即设置关闭控制位为 0 时为正常模式；关闭控制位为 1 时为低功耗关断模式。

TC77 温度传感器特性如下。

- 5 引脚 SOT-23A 封装的数字温度传感器。
- 以 13 位二进制格式输出温度值。
- SPI 和 MICROWIRE 兼容接口。
- 固态温度检测。

- + 25 °C 至+65 °C 精度为 ± 1 °C（最大值）。
- – 40 °C 至+85 °C 精度为 ± 2 °C（最大值）。
- – 55 °C 至+125 °C 精度为 ± 3 °C（最大值）。
- 2.7 V 至 5.5 V 工作电压范围。
- 低功耗：连续转换模式时 250 μA（典型值）；关断模式时 0.1 μA（典型值）。

5.2.2 两线式串行总线接口（Inter-Integrated Circuit，I^2C）

在现代电子系统中，有为数众多的芯片需要进行相互之间以及与外界的通信。为了提供硬件的效率和简化电路的设计，PHILIPS 公司开发了一种用于内部芯片控制的简单的双向两线串行总线接口 I^2C。I^2C 总线支持任何一种芯片制造工艺，并且 PHILIPS 公司和其他厂商提供了种类非常丰富的 I^2C 兼容芯片。I^2C 已经成为世界性的工业标准。

每个 I^2C 器件都有一个唯一的地址，而且可以是只负责接收的器件（如 LCD 驱动器）或双向收发的器件（如存储器）。发送器或接收器可以在主模式或从模式下操作，这取决于芯片是否必须启动数据的传输还是仅仅被寻址。I^2C 是一个多主总线，即它可以由多个连接的器件控制。

早期的 I^2C 总线数据传输速率最高为 100 kb/s，采用 7 位寻址。但是由于数据传输速率和应用功能的迅速增加，I^2C 总线也增强为快速模式（400 kb/s）和 10 位寻址以满足更高速度和更大寻址空间的需求。

I^2C 总线始终和先进技术保持同步，但仍然保持其向下兼容性。最近还增加了高速模式，其速度可达 3.4 Mb/s。它使得 I^2C 总线能够支持现有以及将来的高速串行传输应用（如 EEPROM 和 Flash 存储器）。

I^2C 总线的优点是其简单性和有效性。由于接口直连在组件上，因此 I^2C 总线占用的空间非常小，减少了电路板的空间和芯片管脚的数量，降低了互连成本。总线的长度可高达 7.62 m，并且能够以 10 kb/s 的最大传输速率支持 40 个组件。I^2C 总线的另一个优点：它支持多主控（multimastering），其中任何能够进行发送和接收的设备都可以成为主总线。一个主控能够控制信号的传输和时钟频率。当然，在任何时间点上只能有一个主控。

I^2C 总线是由数据线和时钟构成的串行总线，可发送和接收数据。在中央控制器与被控芯片之间、芯片与芯片之间进行双向传送，最高传送速率 100 kb/s。各种被控制电路均并联在这条总线上，但就像电话机一样只有拨通各自的号码才能工作，所以每个电路和模块都有唯一的地址，在信息的传输过程中，I^2C 总线上并接的每一模块电路既是主控器（或被控器），又是发送器（或接收器），这取决于它所要完成的功能。中央控制器发出的控制信号分为地址码和控制量两部分，地址码用来选址，即接通需要控制的电路，确定控制的种类；控制量决定该调整的类别（如对比度、亮度等）及需要调整的量。这样，各控制电路虽然挂在同一条总线上，却彼此独立，互不相关。

I^2C 总线在传送数据过程中共有三种信号，它们分别是：开始信号、结束信号和应答信号。

① 开始信号：串行时钟为高电平时，串行数据由高电平向低电平跳变，开始传送数据。

② 结束信号：串行时钟为低电平时，串行数据由低电平向高电平跳变，结束传送数据。

③ 应答信号：接收数据的芯片在接收到 8 比特数据后，向发送数据的芯片发出特定的低电平脉冲，表示已收到数据。中央控制器向受控单元发出一个信号后，等待受控单元发出一个应答信号，中央控制器接收到应答信号后，根据实际情况作出是否继续传递信号的判断。若未收到应答信号，就判断为受控单元出现故障。

I^2C 规程运用主/从双向通信。器件发送数据到总线上，则定义为发送器，器件接收数据则定义为接收器。主器件和从器件都可以工作于接收和发送状态。总线必须由主器件（通常为微控制器）控制，主器件产生串行时钟控制总线的传输方向，并产生起始和停止条件。串行数据线上的数据状态仅在串行时钟为低电平的期间才能改变，串行时钟为高电平的期间，串行数据状态的改变被用来表示起始和停止条件。

在 I^2C 总线的应用中应注意的事项总结为以下几点。

① 严格按照时序图的要求进行操作。

② 若与接口线上内部上拉电阻的单片机接口连接，可以不外加上拉电阻。

③ 程序中为配合相应的传输速率，在对接口线操作的指令后可用空操作指令加一定的延时。

④ 为了减少意外的干扰信号将 EEPROM 内的数据改写，可用外部写保护引脚（如果有），或者在 EEPROM 内部没有用的空间写入标志字，每次上电时或复位时做一次检测，判断 EEPROM 是否被意外改写。

高精度温湿度传感器 SHT10 是采用 I2C 电路接口的一种传感器，如图 5-8 所示。

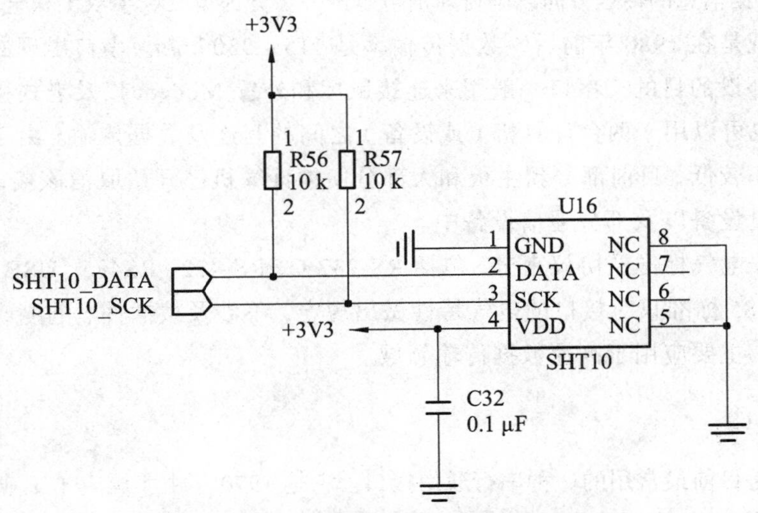

图 5-8 高精度温湿度传感器 I^2C 接口电路

SHT*xx* 系列单芯片传感器是一款含有已校准数字信号输出的温湿度复合传感器。它应用工业 CMOS 过程微加工技术，确保产品具有极高的可靠性与卓越的长期稳定性。传感器包括一个电容式聚合体测湿元件和一个能隙式测温元件，并与一个 14 位的 A/D 转换器以及串行接口电路在同一芯片上实现无缝连接。因此，该产品具有品质卓越、超快响应、抗干扰能力强、性价比极高等优点。

每个 SHT*xx* 传感器都在极为精确的湿度校验室中进行校准。校准系数以程序的形式储存在一次性可编程内存中，传感器内部在检测信号的处理过程中要调用这些校准系数。

两线制串行接口和内部基准电压，使系统集成变得简易快捷。超小的体积、极低的功耗，使其成为各类应用甚至最为苛刻的应用场合的最佳选择。产品提供表面贴片 LCC（无引线芯片载体）或 4 针单排引脚封装。

SHT*xx* 的供电电压为 2.4 ~ 5.5 V。传感器上电后，要等待 11 ms 以越过“休眠”状态。在此期间无需发送任何指令。电源引脚（VDD，GND）之间可增加一个 100 nF 的电容，用以去耦滤波。

DATA 三态门用于数据的读取。DATA 在 SCK 时钟下降沿之后改变状态，并仅在 SCK 时钟上升沿有效。数据传输期间，在 SCK 时钟高电平时，DATA 必须保持稳定。为避免信号冲突，微处理器应驱动 DATA 在低电平。需要一个外部的上拉电阻（如 10 kΩ）将信号提拉至高电平。上拉电阻通常已包含在微处理器的 I/O 电路中。

5.2.3 串行接口

串行接口简称串口，也称串行通信接口（通常指 COM 接口），是采用串行通信方式的扩展接口。信息的各位数据被逐位按顺序传送的通信方式称为串行通信。串行通信的特点是：数据传送按位顺序进行，最少只需一根传输线即可完成；成本低但传送速度慢。串行通信的距离可以从几米到几千米。根据信息的传送方向，串行通信可以进一步分为单工、半双工和全双工三种。

串口的出现是在 1980 年前后，数据传输率是 115 ~ 230 kb/s。串口出现的初期是为了实现连接计算机外设的目的，串口一般用来连接鼠标和外置 Modem 以及老式摄像头和写字板等设备。串口也可以用于两台计算机（或设备）之间的互连及数据传输。由于串口不支持热插拔及传输速率较低，目前部分新主板和大部分便携计算机已开始取消该接口。目前串口多用于工控和测量设备以及部分通信设备中。

串行接口按电气标准及协议来分，包括 RS-232-C、RS-422、RS485、USB 等。RS-232-C、RS-422 与 RS-485 标准只对接口的电气特性做出规定，不涉及接插件、电缆或协议。USB 是新型接口标准，主要应用于高速数据传输领域。

1. RS-232-C

RS-232-C 是目前最常用的一种串行通信接口。它是 1970 年由美国电子工业协会（EIA）联合贝尔系统、调制解调器厂家及计算机终端生产厂家共同制定的用于串行通信的标准。它的全名是“数据终端设备（DTE）和数据通信设备（DCE）之间串行二进制数据交换接口技术标准”。

传统的 RS-232-C 接口标准有 22 根线，采用标准 25 芯 D 型插头座。自 IBM 个人计算机开始使用简化的 9 芯 D 型插座，至今 25 芯插头座现代应用中已经很少采用。计算机一般有两个串行口：COM1 和 COM2，9 针 D 形接口通常在计算机后面能看到。现在有很多手机数据线或者物流接收器都采用 COM 口与计算机相连。

RS-232 采用不平衡传输方式，即所谓单端通信。由于其发送电平与接收电平的差仅为 2 V 至 3 V 左右，所以其共模抑制能力差，再加上双绞线上的分布电容，其传送距离大约 15 m，最高速率为 20 kb/s。RS-232 是为点对点（即只用一对收、发设备）通信而设计的，其驱动器负载为 3 ~ 7 kΩ。

单片机串行接口是一个可编程的全双工串行通信接口。它可用作异步通信方式（UART），与串行传送信息的外部设备相连接，单片机多机系统也能通过同步方式，使用 TTL 或 CMOS 移位寄存器来扩充 I/O 接口。单片机通过管脚 RXD（串行数据接收端）和管脚 TXD（串行数据发送端）与外界通信。

2. RS-422

RS-422 全称是“平衡电压数字接口电路的电气特性”，它定义了接口电路的特性。典型的 RS-422 是四线接口。实际上还有一根信号地线，共 5 根线。由于接收器采用高输入阻抗和发送驱动器比 RS232 更强的驱动能力，所以允许在相同传输线上连接多个接收节点，最多可接 10 个节点。即有一个主设备，其余为从设备，从设备之间不能通信，所以 RS-422 支持点对多的双向通信。接收器输入阻抗为 4 kΩ，故发端最大负载能力是 40.1 kΩ（10 × 4 kΩ + 100 Ω）。RS-422 四线接口由于采用单独的发送和接收通道，因此不必控制数据方向，各装置之间任何必须的信号交换均可以按软件方式（XON/XOFF 握手）或硬件方式（一对单独的双绞线）实现。

RS-422 为了改进 RS-232 通信距离短、速率低的缺点，RS-422 定义了一种平衡通信接口，将传输速率提高到 10 Mb/s，传输距离延长到 1 219 m（速率低于 100 kb/s 时），并允许在一条平衡总线上连接最多 10 个接收器。一般 100 m 长的双绞线上所能获得的最大传输速率仅为 1 Mb/s。RS-422 是一种单机发送、多机接收的单向、平衡传输规范，被命名为 TIA/EIA-422-A 标准。

3. RS-485

为扩展应用范围，EIA 于 1983 年在 RS-422 基础上制定了 RS-485 标准，增加了多点、双向通信能力，即允许多个发送器连接到同一条总线上，同时增加了发送器的驱动能力和冲突保护特性，扩展了总线共模范围，后命名为 TIA/EIA-485-A 标准。

RS-485 是从 RS-422 基础上发展而来的，所以 RS-485 许多电气规定与 RS-422 相似。如都采用平衡传输方式，都需要在传输线上接终接电阻等。RS-485 可以采用二线与四线方式。二线制可实现真正的多点双向通信，而采用四线连接时，与 RS-422 一样只能实现点对多的通信，即只能有一个主设备，其余为从设备，但它比 RS-422 有改进，无论四线还是二线连接方式，总线上至多可接 32 个设备。

RS-485 与 RS-422 的不同还包括其共模输出电压是不同的，RS-485 输出电压是 − 7 V 至

+12 V 之间，而 RS-422 输出电压在 -7 V 至 +7 V 之间；RS-485 接收器最小输入阻抗为 12 kΩ，而 RS-422 是 4 kΩ；由于 RS-485 满足所有 RS-422 的规范，所以 RS-485 的驱动器可以用在 RS-422 的网络中。

RS-485 与 RS-422 一样，其最大传输距离为 1 219 m，最大传输速率为 10 Mb/s。平衡双绞线的长度与传输速率成反比，在 100 kb/s 速率以下，才可能使用最长的电缆。只有在很短的距离下才能获得最高传输速率。一般 100 m 长双绞线最大传输速率仅为 1 Mb/s。

4. 通用串行总线（Universal Serial Bus，USB）

USB，是目前计算机上应用较广泛的接口规范，由 Intel、Microsoft、Compaq、IBM、NEC、Northern Telcom 等几家大厂商发起的新型外设接口标准。USB 接口是计算机主板上的一种四针接口，其中中间两个针传输数据，两边两个针给外设供电。USB 接口速度快、连接简单、不需要外接电源，传输速度 12 Mb/s。新的 USB 2.0 传输速度可达 480 Mb/s；电缆最大长度 5 m。USB 电缆有 4 条线：2 条信号线；2 条电源线，电源线可提供 5 V 电源。USB 电缆分屏蔽和非屏蔽两种，屏蔽电缆传输速度可达 12 Mb/s，价格较贵；非屏蔽电缆速度为 1.5 Mb/s，但价格便宜。USB 通过串联方式最多可串接 127 个设备；支持热插拔。最新的规格是 USB 3.0。

5. RJ-45 接口

RJ-45 是以太网最为常用的接口。RJ-45 是一个常用名称，指由 IEC（60）603-7 标准化，使用由国际性的接插件标准定义的 8 个位置（8 针）的模块化插孔或者插头。

5.2.4　模拟数字转换接口

很多传感器并没有配备 SPI 串口这样的数字接口，必须使用单独的 A/D 转换电路和单片机内部的模拟数字转换电路，才能获得需要的传感器数据。

一些加速度传感器和压力、光敏等传感器就是采用这样的模拟输出来接口单片机和无线单片机的。

（1）光敏电阻是一种感应光线强弱的传感器，如图 5-9 所示。

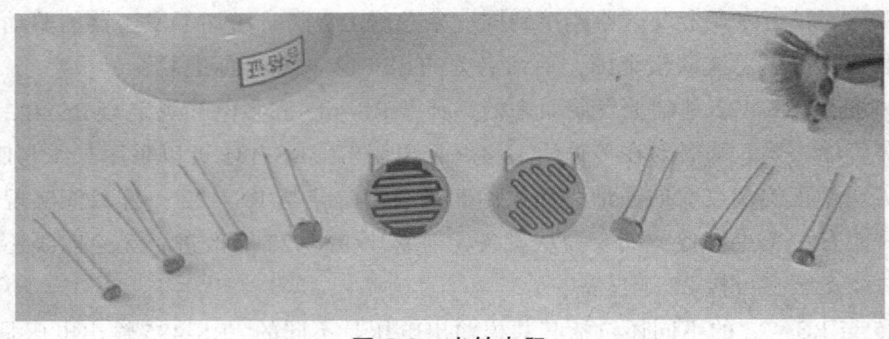

图 5-9　光敏电阻

在光敏传感器中，当感应光强度不同，光敏探头内的电阻值就会不同。光敏传感器适合测量室外自然光线，常用于环境监控或生物监控。光敏传感器内装有一个高精度的光电管，光电管内有一块由“针式二管”组成的小平板，当向光电管两端施加一个反向的固定电压时，任何光子对它的冲击都将导致其释放出电子。当光照强度越高，光电管的电流也就越大，电流通过一个电阻时，电阻两端的电压被转换成可被采集器的数模转换器接收的 0 ~ 5 V 电压，然后采集器以适当的形式把结果保存下来。

（2）压力传感器可以用来测试压力。

MPXV5010G 是一种芯片集成的压力传感器，如图 5-10 所示，压力传感器输出电路如图 5-11 所示。

图 5-10　压力传感器

它具备如下特征。

① 内置信号调理、温度补偿和校准。

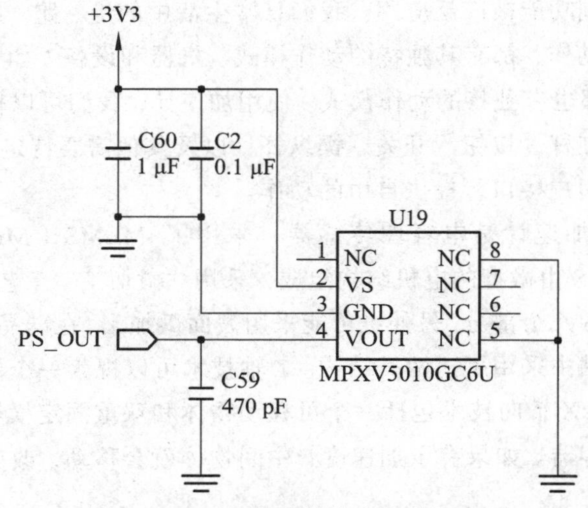

图 5-11　压力传感器输出电路示意图

② 差压型和表压型可选。

③ 0 °C ~ 85 °C 范围内最大误差为 5.0%。

④ 适合与微处理器或微控制器系统连接。

⑤ 温度补偿范围：– 40 °C ~ + 125 °C。

⑥ 输出电压：0.2 ~ 4.7 V。

⑦ 检测范围：0 ~ 10 kPa。

⑧ 供电电流：5 mA（DC）。

⑨ 满量程变化量：4.5 V。

⑩ 灵敏度：450 mV/kPa。

图 5-12 三维加速度传感器

（3）采用模拟输出接口的加速度传感器 MMA7360L（见图 5-12）是一款低成本、小尺寸电容式微机械三维加速度传感器，采用了信号调理、单极低通滤波器、温度补偿和自检技术，以及检测线性自由坠落的 0 g 检测技术；并且提供 2 个量程可选，用户可在 2 个灵敏度和量程中进行选择。该器件已做零 g 补偿和灵敏度设置。MMA7360L 还提供休眠模式，因此是电池供电的手持设备产品的理想之选。

飞思卡尔半导体在微机电系统传感器设备设计制造领域具有全球领先的地位，通过推出高灵敏度的 XYZ 三轴加速计，满足当今智能移动设备领域日益增长的移动感应需求。

从 MP3 播放器到 PDA，再到超小的便携式计算机，如今的消费者正在越来越多地通过其使用的便携式电子设备的不同，以及对这些设备的定制方式来彰显自己的个性。便携式设备的设计人员也在不断寻找新途径，以便在不增加设备尺寸的情况下，让产品具有更大的显示屏和更多的新功能。设计人员还试图结合移动感应技术以保护易碎的电子组件安全，生产出更加稳定可靠的便携式设备。对于那些需要在小型封装中获得快速响应速度、低功耗、低电压的运行和休眠模式的用户来说，飞思卡尔的 MMA7360L、MMA7340L 和 MMA7330L 三轴加速计是理想的移动感应解决方案。

加速计的动作识别功能被广泛应用。我们日常生活中的走、跑、跳、使用手机、音乐播放器或摄像机等许多动作，都有其独特的动作模式。机器和设备（如工业电机、病人监控器和大型设备）自身内部也有独特的动作模式。使用加速计，我们可以检测这些独特的动作信号，而不再限于使用杠杆、按钮、开关、操纵杆，以及其他需要特定动作的手动控制机制。加速计可以作为新的用户接口，提供自由的动作。

飞思卡尔提供的加速计是电容性传感器，采用了 MEMS（Micro-Electro-Mechanical Systems）技术。MEMS 由微型的电机结构组成，采用“微加工”工艺制造，例如体微加工，有选择地蚀刻硅晶圆的几个部分。另外也可能采用表面微加工，在硅晶圆表面建立薄膜结构。飞思卡尔在加速计产品中采用了这两类结构。Z 轴技术可以视为一个活动的电容，沿着它接收加速度的方向移动。X 轴向技术包括一个可移动物体和双重固定横梁。每对感应单元横梁包括两个背对背的电容器。如果有了加速度，中间物体就会移动，改变横梁之间的距离，进而改变它们之间的电容。

对移动和倾斜的微小变化的敏感性使 MMA7*xx*0 传感器非常适合用作移动和 3D 游戏产品的用户界面。多轴敏感性的提高及全运动范围特性使移动和游戏用户能对滚动、飞行、驾驶及执行其他快速响应时的非常细微的移动做出极其准确的响应。

利用飞思卡尔 MMA7*xx*0 传感器的技术，能在便携式计算机、PDA 和 MP3 播放器不慎掉到地上时，更好地保护磁盘驱动器。当所有三个轴都处于零重力状态时，零重力检测功能就提供一个逻辑中断信号。三轴加速计的先进移动感应功能可以检测到设备的跌落时间，并采取相应措施，防止敏感电子组件遭到损坏。MMA7*xx*0 传感器还能提供便携式计算机的防盗应用支持技术。便携式计算机安全系统内的加速计可用于检测异常移动，并发出警报声。

MMA7*xx*0 传感器电路如图 5-13 所示，它具有如下特性。

① 3 mm × 5 mm × 1.0 mm LGA-14 引脚封装。

② 低功耗：400 μA。

③ 休眠模式：3 μA。

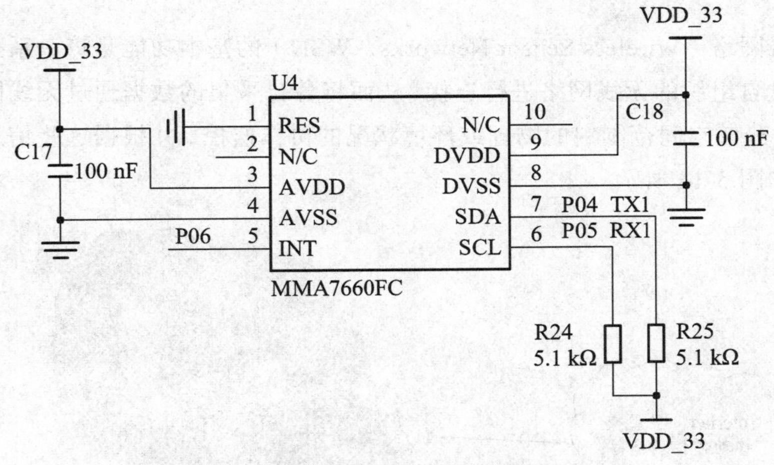

图 5-13　三维加速度传感器电路

④ 低压运行：2.2 ~ 3.6 V。

⑤ 高灵敏度（800 mV/g at 1.5 g）。

⑥ 快速开启（0.5 ms 使能响应时间）。

⑦ 进行自由下坠检测识别的自检技术。

⑧ 进行自由下坠保护的 0 g 检测技术。

⑨ 低通滤波器具备内部信号调理。

⑩ 设计稳定、防震能力强。

⑪ 符合 RoHS 标准。

⑫ 环保产品。

⑬ 成本低。

5.3　无线传感器网络

5.3.1　计算机网络

计算机网络，是指将地理位置不同的具有独立功能的多台计算机及其外部设备，通过通信线路连接起来，在网络操作系统、网络管理软件及网络通信协议的管理和协调下，实现资源共享和信息传递的计算机系统。

所谓无线网络，就是利用无线电波作为信息传输的媒介构成的无线局域网（WLAN），与有线网络的用途十分类似，最大的不同在于传输媒介的不同，利用无线电技术取代网线，可以和有线网络互为备份。

5.3.2 无线传感器网络

无线传感器网络（Wireless Sensor Networks，WSN）的基本功能是将一系列空间分散的传感器单元通过自组织的无线网络进行连接，从而将各自采集的数据通过无线网络进行传输汇总，以实现对分散空间范围内的物理或环境状况的协作监控，并根据这些信息进行相应的分析和处理，如图 5-14 所示。

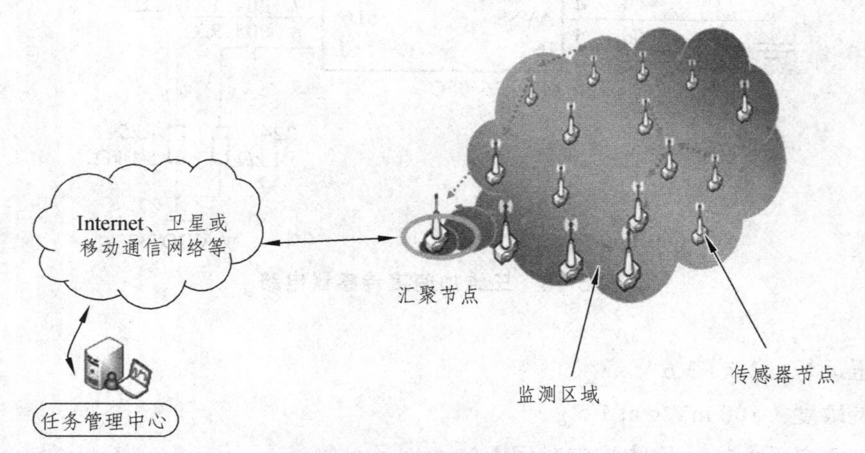

图 5-14 无线传感器网络

无线传感器网络是基于微电子技术、嵌入式计算技术、现代网络及无线通信技术、分布式信息处理技术，由部署在观测环境附近的大量的微型廉价低功耗的传感器节点组成，通过无线通信方式形成的一个多跳无线网络系统。

无线传感器网络是由一组传感器以特定方式构成的无线网络，其目的是协作地感知、采集和处理网络覆盖的地理区域中感知对象的信息，并发布给观察者。

传感器网络的三个基本要素：传感器，感知对象，观察者。

5.3.3 无线传感器网络的特点

一般认为采用无线通信技术的传感器网络称作无线传感网。网络对我们来说并不陌生，比如手机上网，电视机上网。传感器对我们来说也不陌生，比如温度传感器、压力传感器，还有比较新颖的气味传感器，等等。但是，把两者结合起来，就是传感器网络。这个网络的主要组成部分就是传感器节点。它们的体积都非常小巧。这些节点可以感受温度的高低、湿度的变化、压力的增减、噪声的升降等。每一个节点都是一个可以进行快速运算的微型计算机，它们将传感器收集到的信息转化成为数字信号，进行编码，然后通过节点与节点之间自行建立的无线网络发送给具有更大处理能力的服务器。

无线传感器网络的特点主要体现在以下几方面。

（1）节点数目庞大（上千甚至上万），节点分布密集。

（2）由于环境影响和存在能量耗尽问题，节点容易出现故障。

（3）环境干扰和节点故障易造成网络拓扑结构的变化。

（4）通常情况下，大多数传感器节点是固定不动的。

（5）传感器节点具有的能量、处理能力、存储能力和通信能力等都十分有限。

5.3.4 无线传感器网络的组成与功能

一个简单的无线传感器系统如图 5-15 所示。

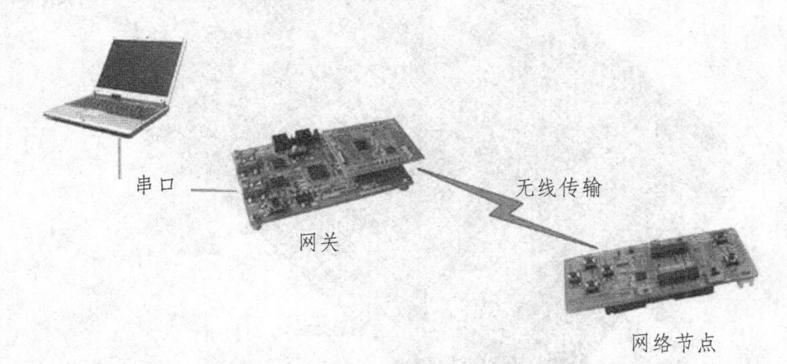

图 5-15 RF2-210 构成的无线传感器采集系统

我们采用这个系统，首先进行无线传感器采集的示范演示。这个演示，采用一个网关连接计算机，运行演示软件；同时，系统完成传感器数据采集，并且在计算机上显示传感器采集的曲线。

在打开电源进行开机演示之前，我们需要对基础 RF2-210 系统作如下设置及检查。检查 CC2530 无线模块是否正确安插至仿真器及无线传感器底板上，如图 5-16 所示。

图 5-16 CC2530 模块安插至仿真器（网关）

由仿真器及 CC2530 模块组成的节点，称之为网关。由无线传感器底板组成的节点，称之为无线网络节点，如图 5-17 所示。

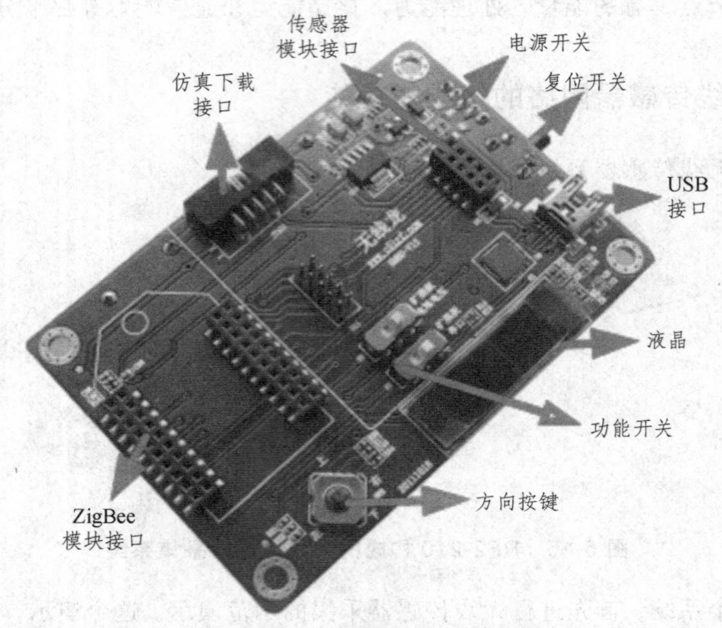

图 5-17　无线传感器底板（无线网络节点）

如果选择“电池供电”则为无线网络节点安装 AA 1.5 V 电池 2 节，注意此时不要打开电池电源开关，即进行断电操作。

如果选择“外接电源供电”则为无线网络节点连接 3.0 ~ 3.6 V 直流电源，注意此时不要打开电池电源开关。

把网关通过 USB 连接到计算机，如图 5-18 所示。

图 5-18 节点底板 USB 接口

首先，由于网关通过 USB 转串口接口与计算机连接，本实验中我们使用 MiniUSB 来连接网关节点和计算机，此外还需要查看网关连接串口参数，点击“计算机”，右键打开选择“管理”。

选择“设备管理器”中“端口（COM 和 LP1）”打开，可知使用的是“COM3”。因此在无线网络监控软件选择“COM3”，波特率选择“38 400”。

点击“打开串口”，如果无法打开串口，则如图 5-19 所示，请检查网关与计算机连接驱动 CP2102（USB 转串口驱动）是否正确安装，网关与计算机连接是否正确，USB 连接线是否损坏，网关接口是否正确等。

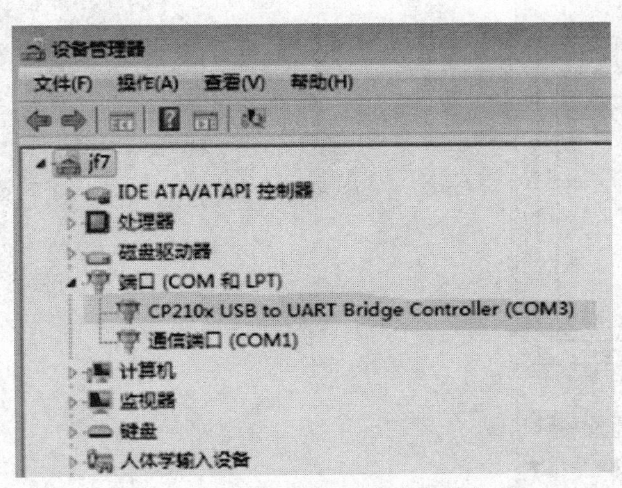

图 5-19　USB 转串口驱动端口显示

点击“打开串口”，如成功打开串口。正确打开串口及正确配置各参数后，打开各路由节点的电源开关，如图 5-20 所示。

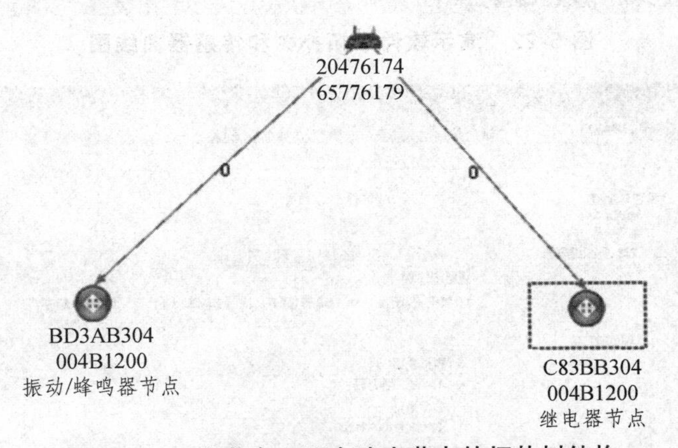

图 5-20　网关节点和两个路由节点的拓扑树结构

演示软件中包含两个界面功能，“网络拓扑图”和“设置与测试”。“网络拓扑”界面中查看各个路由节点和终端节点加入到整个网络中的情况；“设置与测试”界面中执行与各个传感器的信息交换和信息控制等功能。

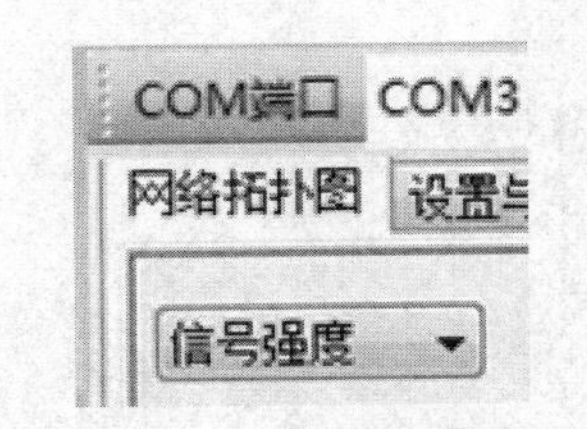

图 5-21　查看传感器特性

点击演示软件左侧网络拓扑图下方的下拉箭头，如图 5-21 所示，可以查看各个传感器的特性，并能绘制出相应的变化曲线图，红色节点表示基于无线网络中正在被选中执行的路由节点或终端节点，如图 5-22 至图 5-24 所示。

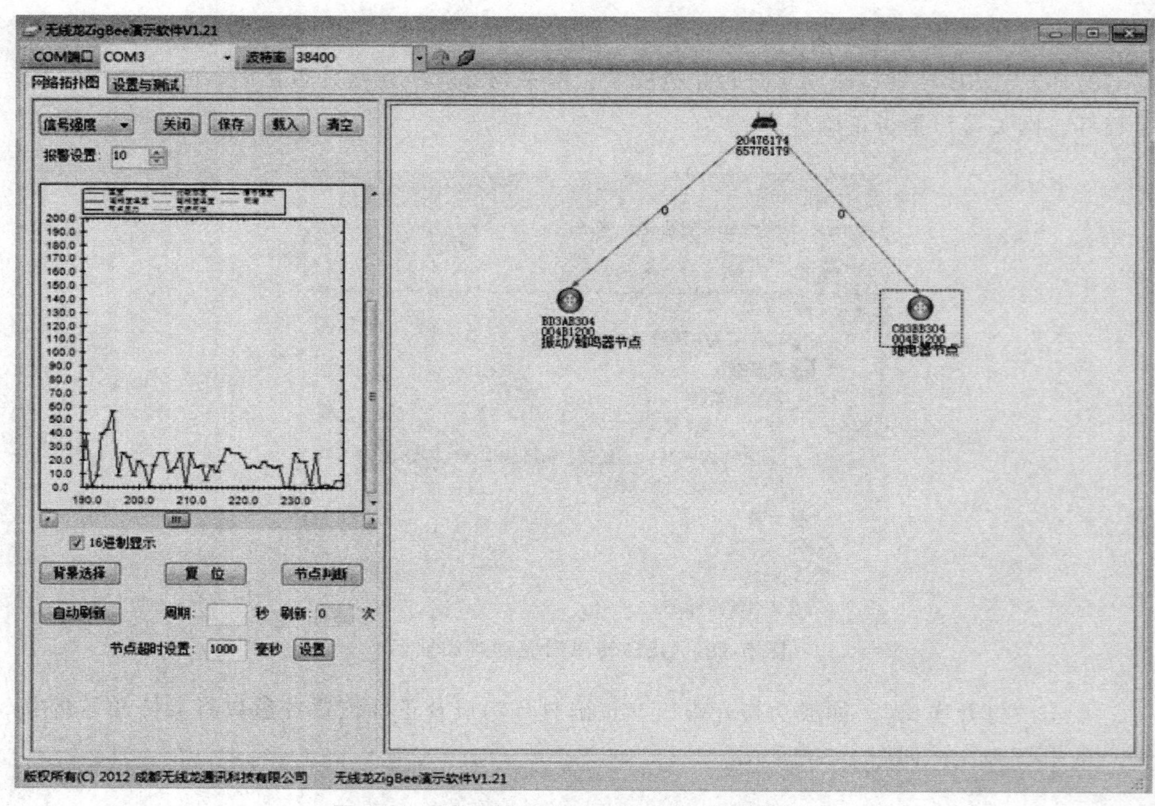

图 5-22 演示软件中拓扑树和传感器曲线图

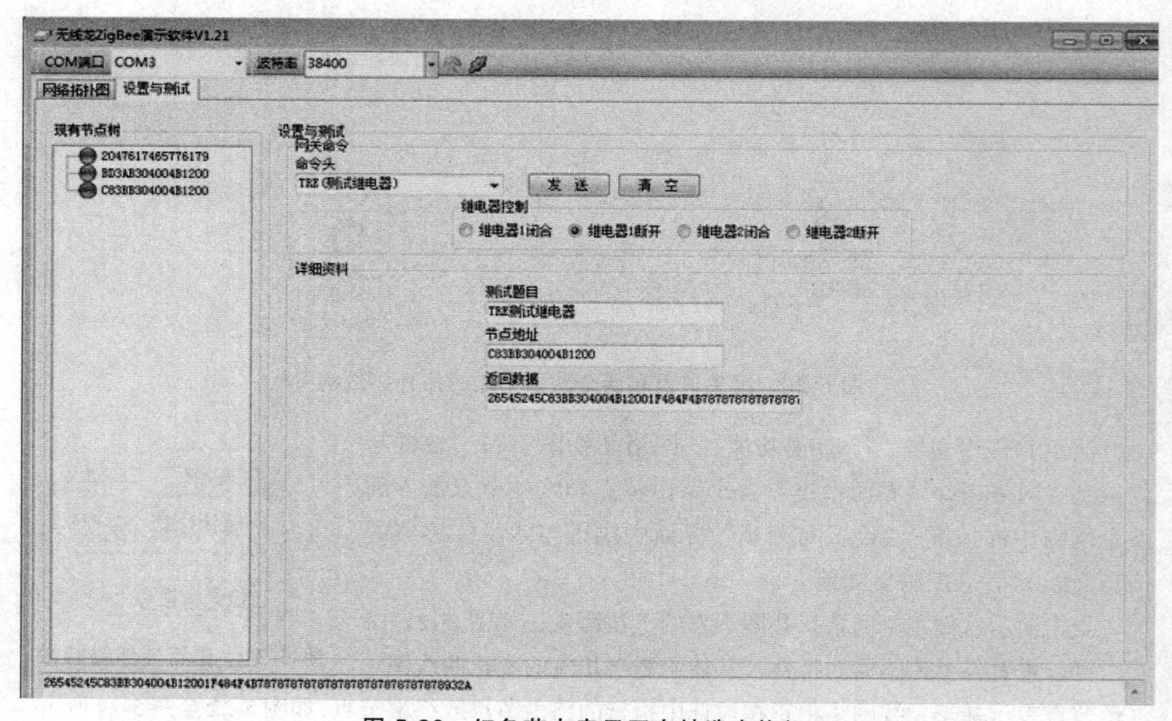

图 5-23 红色节点表示正在被选中执行

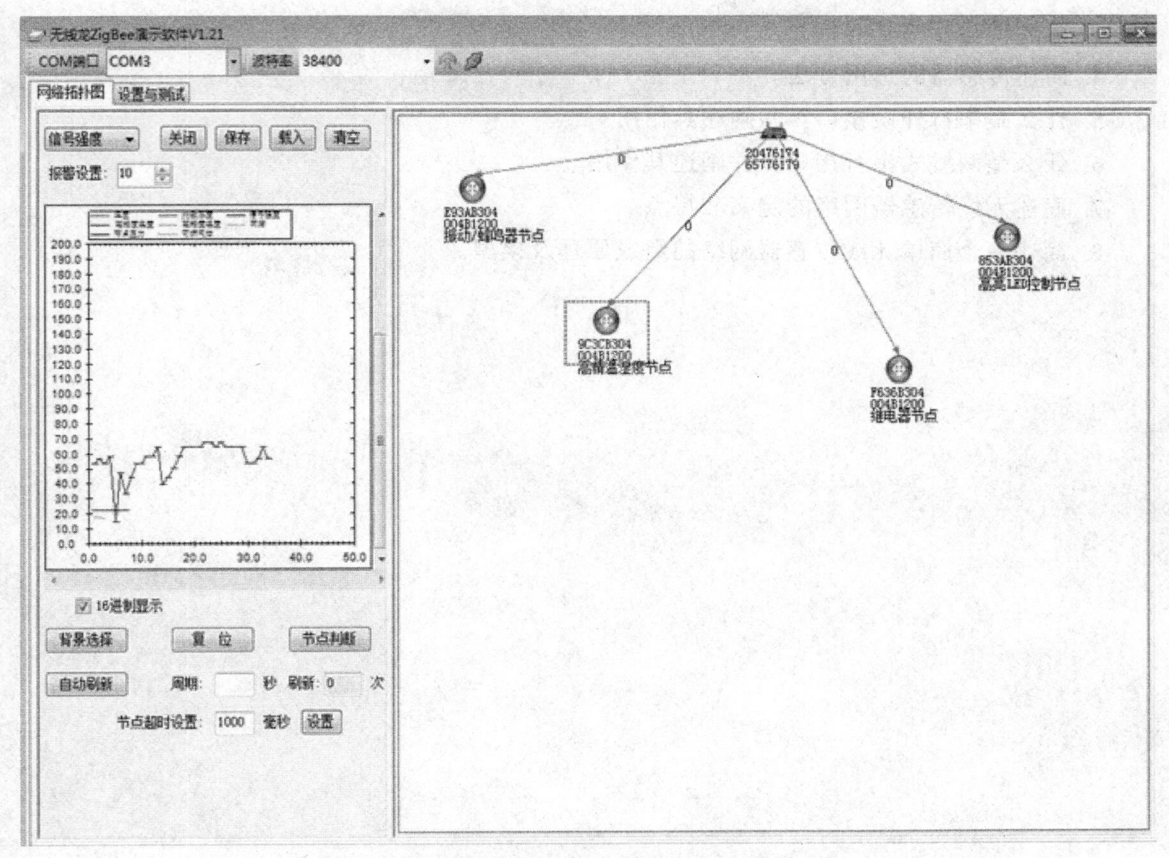

图 5-24 四个路由节点的拓扑树结构

在网络拓扑图中，将会看到节点 1 上的传感器采集数据显示，温度及光敏传感器采集数据以曲线显示。

5.4 本章小结

本章主要是结合所开设的实验课程，对传感器的一些相关概念、特性、分类、发展、传感器的接口以及无线传感器网络做了讲解，让读者明白在无线传感器网络中，网关节点、路由节点和终端节点的工作原理及各自发挥的作用。

习 题

1. 什么是传感器？传感器一般由哪几部分组成？
2. 简述传感器的分类。

3. 简述传感器的基本特性。

4. 简述传感器的选用方法。

5. 什么是串行外设接口？并阐述其作用。

6. 什么是两线式串行接口？并阐述其作用。

7. 简述无线传感器网络的定义和特点。

8. 简述一个简单无线传感器网络的组成原理及模型。

6 物联网的应用

6.1 物联网技术应用现状

物联网市场潜力巨大，物联网产业在自身发展的同时，还将带动微电子技术、传感元器件、自动控制、机器智能等一系列相关产业的持续发展，带来庞大的产业集群效应。研究显示：中国物联网产业在公众业务领域以及平安家居、电力安全、公共安全、健康监测、智能交通、重要区域防入侵、环保等诸多行业的市场规模均超过百亿甚至千亿。2010 年中国物联网产业市场规模达到 2 000 亿元，至 2015 年，中国物联网整体市场规模达到 7 500 亿元，年复合增长率超过 30%，市场前景将远远超过计算机、互联网、移动通信等市场。

物联网今天已经在广泛领域获得应用，如图 6-1 所示，在交通、安防、物流、零售、电力、金融、环保、医疗等领域获得广泛应用。

农业生产控制

银行设备布放及管理

物流货物跟踪

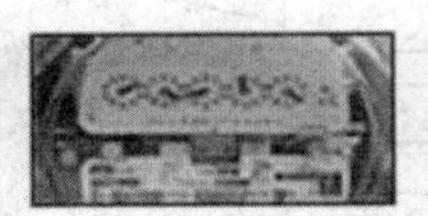
电力无线抄表

环境监测

城市燃气管道监控

城市路灯控制

城市管道监控

电梯监控

气象监测

企业安防监控

能源安全管理

船舶监控调度

制造业生产控制

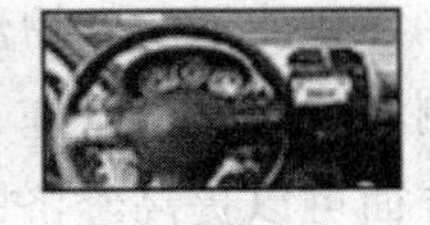
车辆监控调度

图 6-1 物联网的应用领域

物联网发展主要工作是推动政府、社会和企业三大领域的应用。推动物联网相关产业发展、与传统工业融合、产业聚集与产业链整合，加快信息基础设施提升及应用。

物联网的具体应用如图 6-2 所示。

围绕公共安全、城市交通、生态环境、资源管理等领域，加强政府部门对物、事、资源、人的服务和管理对象的信息采集、传输、处理、分析和反馈。提高现场感知、动态监控、智能研判和快捷反应的能力和水平，实现精细化、敏捷、全时段全方位覆盖、高效、主动、可控城市运行管理。物联网可以大幅提高政府公共服务水平。

围绕医疗卫生、教育文化、水电气热等公共服务领域和社区农村基层服务领域，开展智能医疗、电子缴费、智能校园、智能社区、智能楼宇、智能家居等建设。加强对服务设施、资源和对象的信息采集、传输、处理、分析和反馈。实现便捷、高效、个性化、精细化的惠民服务。物联网可以大幅提高为企业和居民服务的质量和水平。

围绕生产、制造、流通等领域和城市基础设施服务领域，鼓励和推进企业应用物联网技术，开展食品药品溯源、智能电网、智能物流等应用。加强对生产（服务）设施、生产（服务）过程、供应链等的全流程、全覆盖、动态的信息采集、传输、处理、分析和控制。实现生产和服务的精细化、自动化、智能化。提高生产和服务效率，提高产品和服务质量，物联网技术应用可以提高企业核心竞争力。

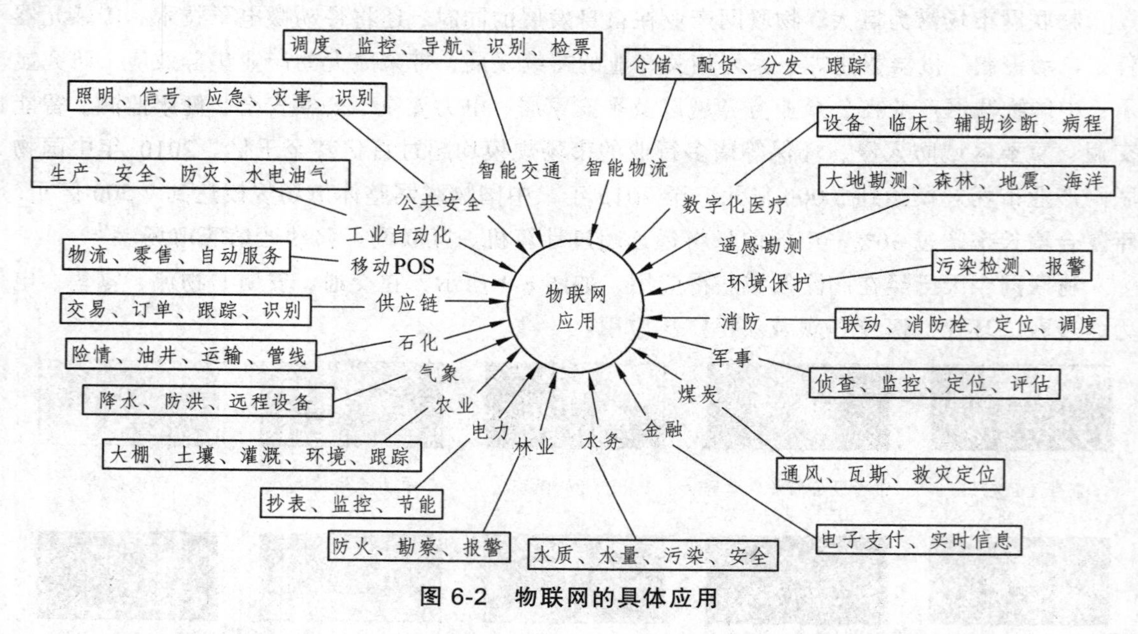

图 6-2　物联网的具体应用

物联网用途广泛，遍及智能楼宇、智能家居、路灯监控、智能医院、智能交通、水质监测、智能消防、物流管理、政府工作、公共安全、资产管理、军械管理、环境监测、工业监测、矿井安全管理、食品药品管理、票证管理、老人护理、个人健康等诸多领域。物联网一方面可以提高经济的效率，大大节约成本；另一方面可以为经济的发展提供技术动力，带动所有的传统产业部门进行结构调整和产业升级，并将推动国家整个经济结构的调整，推动发展模式从粗放型转向集约型发展。

6.2　物联网在物流行业中的应用

6.2.1　物联网推动物流产业链

物流是物联网较早应用的行业之一，物联网技术在物流产业的应用对物流产业的发展有极大的促进作用。物联网的应用从根本上提高了对物品生产、配送、仓储、销售等环节的监控水平，改变了供应链流程和管理手段，对于物流成本的降低和物流效率的提高具有重要意义。物联网在物流业中的主要应用有以下几方面。

1. 物流过程的可视化智能管理

运用基于 GPS（全球卫星定位系统）卫星导航定位、RFID 技术、传感技术等多种技术，开发出了在物流活动过程中实时对车辆定位、运输物品监控、在线调度与配送的可视化与管理系统。目前，有些技术比较先进的物流公司或企业大都建立与配备了 GPS 智能物流管理网络系统，可以实现对食品冷链的车辆定位与食品温度实时监控等，初步实现物流作业的透明化、可视化管理。

2. 产品的智能可追溯网络系统

基于 RFID 等技术建立的产品智能可追溯网络系统的技术与政策等条件都已经成熟，应当加快全面推进。目前，这些智能产品的可追溯系统在医药、农产品、食品、烟草等行业和领域已有很多成功应用，在货物追踪、识别、查询、信息采集与管理等方面发挥了巨大作用，为保障食品安全、药品安全提供了坚实的物流保障。

3. 全自动化的物流配送管理

运用基于传感、RFID、声、光、电、机、移动计算等各项先进技术，在物流配送中心实现全自动化管理，建立配送中心智能控制、自动化操作网络，从而实现物流、商流、信息流、资金流的全面管理。目前，有些配送中心已经在货物拆卸与码垛采用码垛机器人、激光或电磁无人搬运车进行物料搬运，自动化输送分拣线作业、出入库作业也由自动化的堆垛机操作，整个物流配送作业系统完全实现自动化智能化。

4. 企业的智慧供应链

全球化背景下的企业竞争将是供应链与供应链之间的竞争，对企业的物流系统、生产系统、采购系统与销售系统提出较高要求。面对大量的个性化需求与订单，准确预测客户需求等问题是企业经常遇到的，这就需要智慧物流和智慧供应链的后勤保障网络系统支持。物联网在物流业中的应用将产生智慧生产与智慧供应链的融合，各个物流供应链的参与者可以按照预定的权限和流程各行其是，企业物流完全智慧地融入企业经营之中，信息流无缝链接，既可分工协作，又相对独立。

6.2.2 畅想物联网在物流行业中发展的前景

物联网的应用是物流业发展的助推剂。随着物联网理念的引入、技术的提升和政策的支持，将会推动物流业的飞速发展。未来的物联网在物流业的应用将会出现如下发展趋势。

1. 统一的物流物联网平台的建立

统一的物联网基础体系是物联网运行的前提，只有在统一的体系基础上建立的物联网才能真正做到信息共享和智慧应用，就像互联网体系一样。建立统一的标准是物联网发展的趋势，更是物流行业应用市场的需求。不论从需求、上下层连接基础设施建设还是市场的发展状况来看，基于 EPC（产品电子代码）的物流领域的物联网将最先形成。

2. 智慧物流网络开放共享，融入社会物联网

物联网是聚合型的系统创新，必将带来跨行业的应用。如产品的可追溯智能网络就可以方便地融入社会物联网，开放追溯信息可以让人们方便地实时查询、追溯产品信息。今后，其他的物流系统也将根据需要融入社会物联网络或与专业智慧网络互通，智慧物流也将成为人们智慧生活的一部分。

3. 多种物联网技术集成应用于智慧物流

目前，在物流业应用较多的感知手段主要是 RFID 和 GPS 技术。今后，随着物联网技术的发展，传感技术、蓝牙技术、视频识别技术、M2M 技术等多种技术也将逐步集成应用于现代物流领域，用于现代物流作业中的各种感知与操作。如温度的感知用于冷链；侵入系统的感知用于物流安全防盗；视频的感知用于各种控制环节与物流作业引导等。

4. 物流领域物联网创新应用模式将不断涌现

物联网带来的智慧物流革命远不止我们能够想到的以上几种模式。目前，很多公司已经在探索物联网在物流领域应用的新模式，随着物联网的发展，更多的创新模式会不断涌现，这是未来智慧物流大发展的基础。

6.2.3 物联网在物流行业中存在的问题

物联网在物流业具有广阔的发展前景，但也要清晰认识到物联网在物流产业中的应用与推广仍然存在很多困难与挑战，存在着较多的制约因素。

1. 政策环境有待完善

政府特别是地方政府在资金的支持力度上需要进一步加大和落实；二是需要进一步加大物联网相关知识产权保护力度，以引导社会形成尊重知识成果、鼓励创新的氛围。

2. 业界标准有待统一

物联网是一个多设备、多网络、多应用、互联互通、互相融合的一个大型网络，相关的接口、通信协议都需要有统一标准来指引。整体看，由于各行业应用特点及用户需求不同，国内目前尚未形成统一的物联网技术标准规范，这成为了物联网发展的最大障碍。

3. 核心技术有待突破

国内物联网产业亟待掌握核心技术。比如，传感器芯片作为传感网技术的核心，从技术到制造工艺，我国均落后于美国等发达国家。国内 RFID 仍以低端为主，高端产品多为国外厂商垄断，80%以上的高灵敏度、高可靠性传感器仍需要进口；又如，目前市场上超高频电子标签芯片大都以国外 TI、NXP、HITACHI、INTEL 公司为主。高端的、核心的技术缺乏无疑对我国在国际标准制定竞争中产生不利影响，并严重削弱我国在该产业上的话语权。

4. 应用成本有待降低

当前可以实现远距离扫描的标签每个成本要 1 美元或更多，一个阅读器成本为 1 000 美元甚至更多，而物联网技术的应用成本还包括接收设备、系统集成、计算机通信、数据处理平台等综合系统的建设等。这对低利润率的物流产业难堪重负。业界预计，只有当标签成本降低到 5 美分左右才可能得到大范围的应用。

5. 信息安全有待加强

物联网同互联网一样，同样面临着一系列信息安全的问题，甚至会涉及越来越多的国家安全、企业机密和个人隐私等信息，因此一方面亟待出台配套保障信息安全、保护个人隐私的法令、法规，加强信息应用的监管；另一方面也有赖于加强信息安全技术的进步。

6. 商业模式有待成熟

物联网的产业链牵涉面很广，涉及终端制造商、模块厂商、通信设备商、行业信息化运营商、应用开发商、网络运营商、系统集成商、最终用户等诸多环节。物联网在物流行业虽然前景广阔、相关产业参与意愿强烈、发展很快，但其技术研发和应用都尚处于初级阶段，且成本还较高，虽然已出现了一些小范围的应用实践，但是还没有形成成熟的商业模式和推广应用体系，商业模式不清晰，就难以形成共赢的、规模化的产业链。

7. 行业互通有待破壁

由于标准、商业机密、安全等原因，以 RFID 为例，目前不论是交通、出入控制、电子支付还是公路、铁路等物流领域，都还只是在行业系统内部和企业内部的闭环应用，开环的应用还涉及不同行业之间的利益分配，以及人们关注的隐私问题。而只有实现了行业内部、不同行业间的互联互通和信息共享，才能真正发挥出物联网的价值，实现物联网的规模应用和发展。

6.3 物联网在农业中的应用

农业物联网应用通常是将大量的传感器节点构成监控网络，通过各种传感器采集信息，以帮助农民及时发现问题，并且准确地确定发生问题的位置，这样农业将逐渐地从以人力为中心、依赖于孤立机械的生产模式转向以信息和软件为中心的生产模式，从而大量使用各种自动化、智能化、远程控制的生产设备。

6.3.1 物联网在农业中的应用背景

传统农业，浇水、施肥、打药，农民全凭经验、靠感觉。如今，在农业生产基地，看到的却是另一番景象：瓜果蔬菜该不该浇水？施肥、打药，怎样保持精确的浓度？温度、湿度、光照、二氧化碳浓度，如何实行按需供给？一系列作物在不同生长周期曾被“模糊”处理的问题，都有信息化智能监控系统实时定量“精确”把关，农民只需按个开关，做个选择，或是完全听“指令”，就能种好菜、养好花。

物联网在农业中的应用如图 6-3 所示。

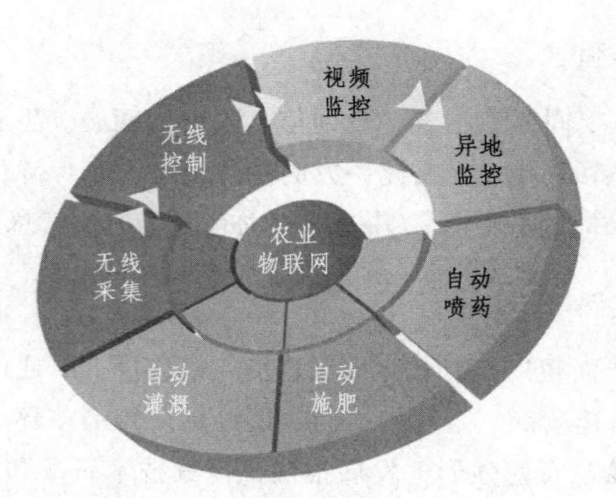

图 6-3 智能农业

6.3.2 物联网在现代农业中的体现

精确农业（Precision Agriculture）是当今世界农业发展的新潮流，是由信息技术支持的根据空间变化，定位、定时、定量地实施一整套现代化农事操作技术与管理的系统，其基本含义是根据作物生长的土壤性状，调节对作物的投入，即一方面查清田块内部的土壤性状与生产力空间变化，另一方面确定农作物的生产目标，进行精确的“系统诊断、优化配方、技术组装、科学管理”，调动土壤生产力，以最节省的投入达到更高的收入，并改善环境，高效地利用各类农业资源，取得经济效益和环境效益。

（1）建立无线网络监测平台，对农作物的生长过程进行全面监管和精准调控。

在大棚控制系统中，物联网系统的温度传感器、湿度传感器、pH 值传感器、光传感器、离子传感器、生物传感器、CO_2 传感器等设备，检测环境中的温度、相对湿度、pH 值、光照强度、土壤养分、CO_2浓度等物理量参数，通过各种仪器仪表实时显示或作为自动控制的参变量参与到自动控制中，保证农作物有一个良好的、适宜的生长环境。远程控制的实现使技术人员在办公室就能对多个大棚的环境进行监测控制。采用无线网络来测量来获得作物生长的最佳条件，可以为温室精准调控提供科学依据，达到增产、改善品质、调节生长周期、提高经济效益的目的。

（2）开发基于物联网感应的农业灌溉控制系统，达到节水、节能、高效的目的。

利用传感器感应土壤的水分并控制灌溉系统以实现自动节水节能，可以构建高效、低能耗、低投入、多功能的农业节水灌溉平台。

农业灌溉是我国的用水大户，其用水量约占总用水量的 70%。据统计，因干旱我国粮食每年平均受灾面积达 20 万 km^2，损失粮食占全国因灾减产粮食的 50%。长期以来，由于技术、管理水平落后，导致灌溉用水浪费十分严重，农业灌溉用水的利用率仅 40%。如果根据监测土壤墒情信息，实时控制灌溉时机和水量，可以有效提高用水效率。而人工定时测量墒情，不但耗费大量人力，而且做不到实时监控；采用有线测控系统，则需要较高的布线成本，不便于扩展，而且给农田耕作带来不便。因此，设计一种基于无线传感器网络的节水灌溉控制系统，该系统主要由低功耗无线传感网络节点通过 ZigBee 自组网方式构成，从而避免了布线的不便、灵活性较差的缺点，实现土壤墒情的连续在线监测，农田节水灌溉的自动化控制，既提高灌溉用水利用率，缓解我国水资源日趋紧张的矛盾，也为作物生长提供良好的生长环境。

（3）构建智能农业大棚物联网信息系统，实现农业从生产到质检和运输的标准化和网络化管理。

智能农业大棚物联网信息系统主要研究温度、化学等多种传感器对农产品的生长过程全程监控和数据化管理；结合 RFID 电子标签在培育、生产、质检、运输等过程中，进行可识别的实时数据存储和管理。本系统致力于构建基于物联网的专用农业评估信息系统以实现数据的存储和管理，实现农业生产的标准化、网络化、数字化。

6.3.3 农业物联网应用系统

1. 精确农业物联网监测平台

研究智能农业大棚中的物联网技术，建立无线网络监控平台。智能农业大棚物联网系统为嵌入式系统，采用 ARM9 S3C2410 处理器与 Linux 操作系统，具有通信网络、通用外设接口，能对其中设备进行控制管理。该嵌入式网关连接内、外信息传输通道皆采用无线的方式，外部网络以基于 IP 网络技术、提供通用分组无线业务的 GPRS 通信网络为基础。内部网络采用短距离、低功率 ZigBee 无线通信技术，结合农业领域专用系列传感器对农作物生长环境中的温湿度、pH 值、光照以及土壤养分等数据进行采集和传输。

2. 精准农业的数字化管理系统

数字化管理技术主要研究温度、化学等多种传感器对农作物的生长过程全程监控和数据化管理；结合 RFID 电子标签在培育、生产、质检、运输等过程中，进行可识别的实时数据存储和管理，实现农业生产的标准化、网络化、数字化。

数字化农业管理系统集成网络地理信息系统、物联网监控管理系统，可实现数据共享和动态数据服务。生态农业数字化管理系统以一定物理模式和逻辑模式的形式进行架设。具体涉及以下几方面。

① 遥感影像或相关图像的处理与分析：包括高分辨率的遥感影像及其他以图像方式提供的各类数据。

② 地物的空间模型：包括对象、地形、环境、网络和拓扑关系等。

③ 属性信息管理：即动、静态数据管理。

④ 空间分析：包括缓冲区、测量、等值线及地理统计分析与图表等。

⑤ 应用程序：包括服务器和客户端程序，以实现农业生产管理平台的系统功能。

⑥ 其他附属功能：统计分析等。

此系统在功能上可实现农作物信息查询与发布、专家决策知识库优化决策与分析，达到信息、技术和网络的高效结合，最终实现农业精准数字化控制管理。

3. 物联网感应的智能农业灌溉系统

本系统采用混合网，底层为多个 ZigBee 监测网络，负责监测数据的采集。每个 ZigBee 监测网络有一个网关节点和若干的土壤温湿度数据采集节点。监测网络采用星形结构，网关节点作为每个监测网络的基站。网关节点具有双重功能，一是充当网络协调器的角色，负责网络的自动建立和维护、数据汇集；二是作为监测网络与监控中心的接口，与监控中心传递信息。此系统具有自动组网功能，无线网关一直处于监听状态，新添加的无线传感器节点会被网络自动发现，这时无线路由会把节点的信息送给无线网关，由无线网关进行编址并计算其路由信息，更新数据转发表和设备关联表等。

该系统由无线传感节点、无线路由节点、无线网关、监控中心四大部分组成，通过 ZigBee 自组网，监控中心、无线网关之间通过 GPRS 进行墒情及控制信息的传递。每个传感节点通过温湿度传感器，自动采集墒情信息，并结合预设的湿度上下限进行分析，判断是否需要灌溉及何时停止。每个节点通过太阳能电池供电，电池电压被随时监控，一旦电压过低，节点会发出电压过低的报警信号，发送成功后，节点进入睡眠状态直到电量充足。其中无线网关连接 ZigBee 无线网络与 GPRS 网络，是基于无线传感器网络的节水灌溉控制系统的核心部分，负责无线传感器节点的管理。传感器节点与路由节点自主形成一个多跳的网络。温湿度传感器分布于监测区域内，将采集到的数据发送给就近的无线路由节点，路由节点根据路由算法选择最佳路由，建立相应的路由列表，其中列表中包括自身的信息和邻居网关的信息。通过网关把数据传给远程监控中心，便于用户远程监控管理。如图 6-4 所示是基于无线传感器网络的节水灌溉控制系统组成框图。

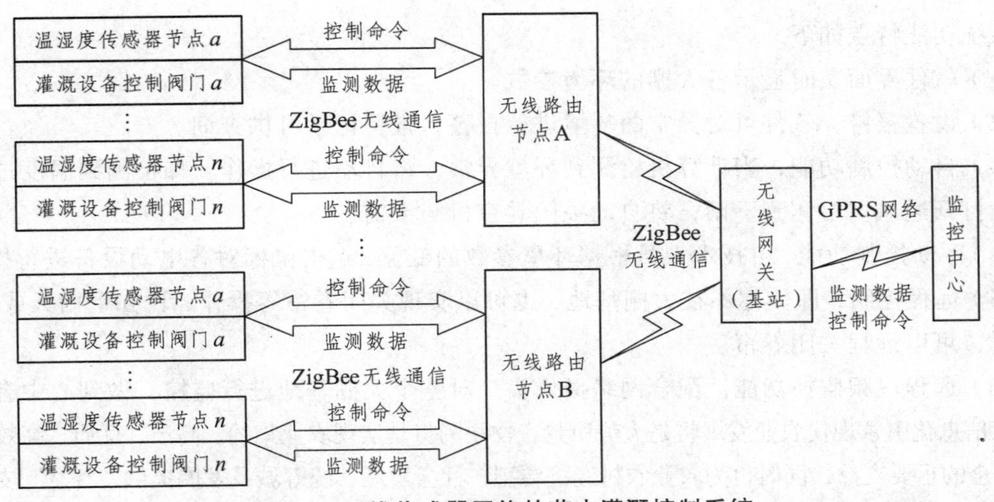

图 6-4　无线传感器网络的节水灌溉控制系统

6.3.4　农业物联网的典型应用

由于瓜果蔬菜对生长环境有着严格的要求，所以现代农业搭建了温室大棚来控制植物的生长环境，以实现跨地区与跨季节的瓜果蔬菜培育。可见，环境在温室大棚中起着重要的作用。

传统的大棚环境控制，是通过全人工的方式来实现的。在每一大棚中放置温度计、湿度计、二氧化碳浓度计等，由技术员巡查每一大棚的环境参数后，若发现环境参数不对，就要采取一定的措施来进行补偿。比如，温度过高的话，就要打开卷帘通风或者打开通风机等。这样的操作方式对于只有少量大棚的农户，还可以应付，但如果大棚数量多，就需要花费大量的人工去查看各大棚的环境参数，对环境异常的大棚进行操作，大大降低了工作效率。

GHM 智能温室系统，可对各大棚的环境参数进行实时的监测并报警，并可远程控制各大棚不同的电动设备，如卷帘机、灌溉机等。使技术人员在办公室就能对多个大棚的环境进行监测控制，以使植物获得最佳的生长环境，增加产量，如图 6-5 所示。

图 6-5　农业物联网应用

系统功能特点如下。

（1）软件界面实时显示各大棚的环境参数。

（2）设置报警，软件可对异常的环境进行报警，报警记录可供查询。

（3）自动控制功能，当计算机检测到环境异常，将自动进行操作。如检测到温度过高，将自动打开通风。检测到下雨，将自动关闭卷帘机与天窗。

（4）手动控制功能，由技术人员根据环境参数的变化，点击鼠标对各电动设备进行操作。

（5）远程控制，即使你不在大棚基地，也可以实现关闭卷帘等操作，比如下雨天或者起大风时，可以远程关闭卷帘。

（6）远程视频监控功能。配合网络摄像头，对整个大棚基地进行监控，做到心中有数。

以信息化引领现代农业发展将是大势所趋。物联网将是实现农业集约、高产、优质、高效、生态、安全的重要支撑，同时也为农业农村经济转型、社会发展、统筹城乡发展提供“智慧”支撑。

6.3.5 农业物联网的应用试验实例

围绕天津、上海和安徽农业特色产业和重点领域，统筹考虑行业及产业链布局，逐步实现物联网技术在农业全产业链的渗透和试点省市的整体推进。

1. 天津设施农业与水产养殖物联网试验区

天津毗邻北京，经济和交通条件好，区位优势明显。设施农业发达，目前拥有高标准设施农业面积 400 km^2，水产养殖面积 413 km^2，规模化水产养殖小区 55 个，蔬菜和水产品自给率高。试验重点是在现代农业示范基地、龙头企业、农民专业合作社和水产养殖小区等。开展设施农业与水产养殖物联网技术应用示范，探索不同种类农作物、不同类型农业生产经营主体农业物联网应用模式；开展农产品批发市场物流信息化管理，探索利用信息技术构建新型农产品流通格局，有效减少交易环节，提高交易效率。

（1）设施农业与水产养殖环境信息采集技术产品集成应用。

选择现代农业示范基地、龙头企业、农民专业合作社和水产养殖小区，探索不同种类农产品、不同类型农业生产经营主体农业物联网技术应用模式及可持续商业模式。

（2）设施农业生命信息感知技术引进与创新。

积极引进消化吸收国外先进的作物生命信息感知技术和设备，实现农作物径流、叶面温度、蒸腾量等作物关键生理生态信息在线获取，实现即时灌溉决策与在线营养诊断。

（3）设施蔬菜病虫害和水产病害特征信息提取与预警防控。

融合设施环境、视频、动植物生命感知信息，引进创新设施农业病虫害和水产主要病害特征信息提取技术，实现设施农业主要作物的重点病虫害和水产主要病害信息实时提取与预警、事前防治与控制。

（4）探索设施农业物联网应用平台与服务模式。

集成现有农业信息服务系统，构建设施农业物联网集成应用服务平台，面向农业主管部门、生产基地、农民专业合作社、基层农技人员、农户等提供多渠道、内容丰富的设施农业与水产养殖物联网应用服务；总结形成可持续、可推广的设施农业与水产养殖物联网应用服务模式。

（5）农产品交易流通平台。

以天津韩家墅海吉星农产品批发市场为主体，综合利用物联网等现代信息技术，开展农产品质量追溯，实现物流、配送、仓储高效管理，并依托深圳农产品股份有限公司分布在全国的 26 个农产品批发市场，探索构建“产地装车、销地卸车、网上交易撮合、单品种全国互联互通”的新型农产品流通格局。

2. 上海农产品质量安全监管试验区

上海是国际化大都市，农产品主要依靠外地输入，保证农产品质量安全是一项重大民生工程，探索应用物联网技术开展农产品质量安全监管试验，对确保大中城市食品安全具有普遍意义。试验重点是农产品（水稻、绿叶菜、动物及动物产品）生产加工、冷链物流和市场销售等环节的物联网技术应用，借助 RFID 技术和条码技术，搭建农产品监管公共服务平台，实现对农产品生产、流通等环节全过程智能化监控，有效追溯农产品生产、运输、储存、消费全过程信息。

（1）建设农产品安全生产管理物联网系统。

集成无线传感器网络，研究生产环境信息实时在线采集技术，研究生产履历信息现场快速采集技术，开发农产品安全生产管理物联网系统，实现产前提示、产中预警和产后反馈。

（2）建设农业投入品监管物联网系统。

在农业生产环节，建立水稻、绿叶菜等农产品田间操作电子化档案，对农业投入品进行规范管理，做到来源清楚，领用清晰，用量明确。

（3）农产品冷链物流物联网技术引进与创新。

引进、消化国外农业物联网先进技术，在消化吸收相关技术基础上，研制集多种传感器、车辆定位、无线传输于一体的冷链物流过程监测设备，力争在稳定性、可靠性、低成本和低能耗方面有进展。开发农产品冷链物流过程监测与预警系统，实现基于物流过程的实时化监测与智能化决策。

（4）农产品全程质量安全监管物联网应用平台构建与服务模式创新。

构建农产品质量安全监管综合数据库，开发农产品质量安全监管物联网应用平台，提供从农田到餐桌为主线的物联网综合应用服务，实现以追溯为核心的多方式溯源服务。培育农业物联网应用示范基地、示范企业与工程技术研究中心。积极探索商业化服务模式。

（5）农产品电子商务平台应用示范。

以农产品电子商务平台建设为突破口，重点支持农产品电子商务与农产品追溯系统的深度融合，加快建设和推广从农产品生产至终端销售全程追溯的应用系统，搭建农产品产销服务信息平台。

3. 安徽大田生产物联网试验区

安徽是典型的农业大省，对保障国家粮食安全具有重要意义。试验以大田作物“四情”

（苗情、墒情、病虫情、灾情）监测服务为重点，通过远程视频监控与先进感知相结合的农情数据信息实时采集、高效低成本信息传输和计算机智能决策技术的集成应用，实现大田作物全生育期动态监测预警和生产调度。

（1）建设大田作物农情监测系统。

基于传感网数据采集，集成开发大田作物农情监测系统，实现对农田生态环境和作物苗情、墒情、病虫情以及灾情的动态高精度监测。

（2）建立基于感知数据的大田生产智能决策系统。

基于信息采集点感知数据，集成农业生产管理知识模型，开发大田生产智能决策系统，实现科学施肥、节水灌溉、病虫害预警防治等生产措施的智能化管理。

（3）建立基于物联网的农机作业质量监控与调度指挥系统。

在粮食主产区，基于无线传感、定位导航与地理信息技术，开发农机作业质量监控终端与调度指挥系统，实现农机资源管理、田间作业质量监控和跨区调度指挥。

（4）构建集成于 12316 平台的大田生产信息综合服务平台。

以 12316 平台为基础，集成现有信息资源和各类专业服务系统，构建大田生产信息综合服务平台，为农情监测、生产决策、农产品质量安全管理、农机调度、市场监测预警等农业生产经营活动提供全方位的信息服务。

（5）大田生产物联网技术应用示范区建设。

在小麦、水稻等主产县（市、区）建设大田生产物联网技术应用示范区，开展“四情”监测预警、农业生产管理、农机作业调度等物联网技术应用示范，探索物联网在大田作物生产上的技术应用模式和机制。

（6）探索农业物联网应用模式。

在设施蔬菜、畜牧、渔业、茶叶、水果等产业，依托国家级、省级现代农业示范区、龙头企业、省级农民专业合作社示范社和规模种养殖场，开展农业物联网应用试点，探索适合不同种类农产品、不同类型农业生产经营主体的农业物联网应用模式。

6.4 物联网在教育中的应用

6.4.1 物联网在教学中的体现

1. 提高教学质量

将物联网与现有教学平台集成，开发阅读器接口中间件，对于需要督导的自律性较差的学生，定时佩戴传感器手表、眼镜等记录学生的多重数据，如脑电图、血压、体温等生理信息及眼动、手部轻微移动等运动信息，引入心理学相关测试技术，得出学生的紧张程度、注意力状况、动脑情况等。将传感器获取的实时数据导入现有教学平台，老师根据这些反馈信息对学生进行有效的督促辅导。

2. 学生的健康状况

通过门式晨检机感知学生的健康信息，自动采集体温指标，当学生体温异常时，可通过短信等通知家长与老师，当学校出现一定数量体温异常案例时，即可通过应急联动机制，将信息传至医疗机构跟踪处理，防止出现集体疫情；而通过为学生配置运动传感器，可以系统感知其运动指标。

3. 信息化教学

利用物联网建立泛在学习环境。可以利用智能标签识别需要学习的对象，并且根据学生的学习行为记录，调整学习内容。这是对传统课堂和虚拟实验的拓展，在空间上和交互环节上，通过实地考察和实践，增强学生的体验。例如生物课的实践性教学中需要学生识别校园内的各种植物，可以为每类植物粘贴带有二维码的标签，学生在室外寻找到这些植物后，除了可以知道植物的名字，还可以用手机识别二维码从教学平台上获得相关植物的扩展内容。

4. 教育管理

物联网在教育管理中可以用于人员考勤、图书管理、设备管理等方面。例如带有 RFID 标签的学生证可以监控学生进出各个教学设施的情况，以及行动路线。又如将 RFID 用于图书管理，通过 RFID 标签可方便地找到图书，并且可以在借阅图书的时候方便地获取图书信息而不用把书每本都拿出来扫描。将物联网技术用于实验设备管理可以方便地跟踪设备的位置和使用状态，方便管理。

5. 智慧校园

使用校园一卡通可以构建智慧校园，如图 6-6 所示。

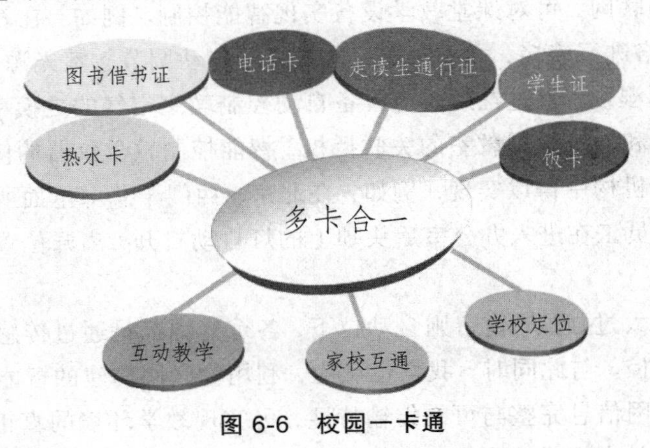

图 6-6 校园一卡通

6.4.2 物联网教学的优势

智能化教学环境，物联网在校园内还可用于校内交通管理、车辆管理、校园安全、智能建筑、学生生活服务等领域。例如，在教室里安装光线传感器和控制器，根据光线强度和学生的位置，调整教室内的光照度。控制器也可以和投影仪和窗帘导轨等设备整合，根据投影工作状态决定是否关上窗帘，降低灯光亮度。

基于上述技术特征的物联网有望为人们提供一个完全不同的生活与工作环境。物联网的价值不仅在于它是一个可传感的网络，而且是各个行业可以参与进来进行应用，不同行业，会有不同的应用。目前，对物联网在教育中的研究与应用虽然处于起步阶段，但我们认为这一问题的探讨将给教育带来极大的变革。

（1）有利于建立全面和主动的教学管理体系。

在建立教学管理运行体系方面，利用现有物联网的 RFID 技术的支持，有利于完善教学管理的组织系统、评价和考核系统，从而对教学的质量建立保障和监控体系。通过 RFID 标签和校园智能卡系统的结合，教师可利用物联网系统，对学生的学习情况进行自动的统计。例如：在分组实验教学中，可以对学生的出席和对应的实验器材建立联系，通过 RFID 系统建立实验室教学管理系统。院校各级教学管理部门也可利用 RFID 技术，对学生学习情况、到课情况进行分析，从而有利于学生工作部门有针对性地开展思想政治工作。

同时还可以对学生在校园的行踪进行监控，设立校园安全控制区域，减少不必要的校园安全事故的发生；建立基于物联网的弹性修学模式，利用物联网信息完整和可追溯的特征，学生可以根据本人的兴趣特长，随时修改或完成某一课程的学习，随时选择某一心仪教师的教学，在需要考试时，随时连接到试题库系统并完成考试过程，从而真正实现学分制；建立双向的教学评价和考核系统，有利于实现学生和教师同行对每一次教学的实时评价，根据此评价，学生和教师双方都可以调整教学进度，改善学生的学习效果，提高教师的教学效率。

（2）有利于构建完全交互与智能的教研环境。

利用传感网络，可实现教学环境的实时信息反馈。目前，多数高校已经实施多媒体教学设施进课堂，利用物联网，可对课堂教学设备实现智能控制。例如：在教学楼里安装上万个传感器并用 IPv6 网络进行连接，可根据教室光线强弱自动调节教室光源和投影机的流明度；也可根据教室环境温湿度，通过红外感应设备自动控制教室空气的更换率；更可利用物联网识别技术，建立教师和对应授课教室的关联授权，智能控制教学仪器的使用等。这种方式的应用，已在部分研究机构中得以实现，例如：在北京，西门子总部里面所有的灯光都是通过物联网智能控制的，员工在进入办公室后头顶上的灯自动打开，离开位置后头顶上的光源则自动关闭。

如果外面的阳光太过强烈，窗帘则自动拉下，各个光源都是通过传感设备连接到计算机上，由计算机进行操控。与此同时，我们也认为，利用物联网构建的智能教学环境的应用远不止于此。利用物联网信息完整与可靠传输特性，可实现教学环境的真正交互。例如：物联网的介入可以为实验教学提供一个安全的、共享的、智能化的实验教学环境。在教师的授课过程中，随时可以控制远在实验室中的教学仪器，通过网络视频设备，将实验过程与结果实时地显示在课堂教学中，学生也可实时控制远程设备，自行得到正确的实验结果。这改变了现行多媒体教学中，实验过程模拟化，实验效果非直观的不足。

通过将大型科研设备纳入物联网，可有效改变目前教研资源不平衡问题，经过授权后的研究者可以在全球范围内控制该设备，科研过程数据也可以被实时采集并以适当的方式提供，最终实现教学科研的数字化、网络化与智能化。这方面的先例有 TAMU 和 MIT 近期实施的 CSAIL 计划，该计划是利用一群实验室机器人与嵌入在盆栽植物中的传感器的通信。机器人和传感器之间的交流可以允许每棵植物要求额外的水分和养分，并进行实时存储。成熟的西红柿被识别之后，机器人能准确地从植物上摘除。TAMU 的研究人员可以利用 MIT 在物联网领域的研究优势，直接获取该研究成果数据。

此外，利用嵌入了传感芯片的教学设施，不但能够像多媒体设施一样，对教学中的结构化信息进行处理，也可对常规多媒体设施所不能处理的非结构化信息，诸如学生的思维、体会、情感、意志等进行整合，从而真正实现教学环境的智能和交互。

（3）有利于重构创新和开放的教学模式。

基于物联网教学环境下的教学模式相比以往的各种教学模式，具有更加开放和创新的特征。可以依托物联网强大的物质和信息资源优势来建立基于物联网的科学探究模式。在该模式中，学习者可以最大限度地利用物联网资源，并在发掘物联网信息的同时促进高级思维能力的发展。例如：在虚拟社区的学习交互模型中，基于物联网的模式要比基于互联网的模式更能激发出学习者的深层思考，并产生交互。该模式更能引导学习者在每次知识建构、剖析、探讨和问题解决后进行反思、总结和提炼有价值的内容，并在物联网上与其他学习者共享。

同时，将先进的物联网技术与现代教学理念相结合，运用到科学教学活动中，也能够对协作和协同教学模式起到很好的支撑作用。传统的协作和协同教学模式标志着开放系统中大量亚系统之间相互作用的、整体的、集体的或合作的效应，能够很好地解决教学过程中的导/学关系。比较著名的有密歇根大学的跨学科协同教学模式。而基于物联网的跨学科协同教学模式，则可以很好地克服原有模式中的障碍。同时它的海量数据与多视角处理特征，也能够进一步激发学生主动进行知识融合的欲望，发展整合和协调多学科的能力。

（4）有利于拓展学习空间、培养学习者自主学习能力。

物联网能为学习者的常规学习、课后学习、区域合作学习提供支撑环境，拓展学习空间，有利于学习者的自主学习和满足个性化学习需要。学习者可以通过物联网，探究任何感兴趣的问题并及时地得到解决。例如：中国电信的全球眼技术，其实就是远程监控的物联网应用。与传感系统相结合，学习者就可以利用它完成诸如材料学、气象学、生物学等集成应用领域内的多种科学探究。

同时，物联网的感知特性，也能够使教育者对学习者的学习过程进行有效管理。

6.4.3 物联网教育应用需解决的问题

物联网因为广泛引入物，并且物的特征发生了质的飞跃，所以将更有利于在教学过程中形成丰富多样的、创新型的产品和应用。但正如二十世纪六七十年代时的互联网一样，我们已经能够预见它未来无可限量的应用，但要在现阶段广泛应用于教育实践，仍有许多问题亟待解决。

（1）如何解决不同类型教学要素的互联互通。

物联网注重于物与物、物与人之间的互连互通。在教学中，即是教学者、学习者、教学设施之间的互连互通问题。从物联网结构上来看，每个物品都需要在物联网中被寻址。更多的 IP 地址将使 IPv4 资源被耗尽，那就需要 IPv6 来支撑。但目前，即使是在不同的教学设施之间也存在着通信协议不统一的问题。例如：在接入层面上，GPRS、短信、传感器、TD-SCDMA、有线等多种协议类别不统一。应该看到，当前的信息化，虽然网络基础设施已日益完善，但离任何人、任何时候、任何地点都能接入网络的目标还有一定的距离；并且，即使是已接入网络的信息系统很多也并未达到互通，信息孤岛现象较为严重。通信协议统一与否将是制约未来物联网在教学中应用程度的重要因素。

（2）物联网未来在教学中的应用模式更应该基于哪一个层次。

迄今为止，对物联网的研究还停留在关注解决传感器和传感网层次的问题，我们依然将其等同为传感网络。不可否认，“传感”是物联网的最基本特性。但是笔者认为，物联网在教学中要得到长足的应用，其未来的应用模式应当是一种简单、通用、易用的软件应用，这种软件应用可以使学习者处理感知到的物体数据，更深层次地分析、理解、认识物体世界的演变规律，更好地利用信息化成果和智能化服务。

（3）如何保障教学应用自身的安全与可控。

物联网在教学中应用时，教学设备间联系更紧密，设备和人也连接起来，使得信息采集和交换设备大量使用，所采集的教学信息越来越海量，在这些数据中，哪些属于学术数据和人员的隐私数据，必须保护哪些数据，是此类应用中不能够回避的问题。不解决此问题，数据的泄密将越来越严重。

（4）如何解决物联网在教学应用中的费用问题。

在物联网使用的 RFID 系统中，核心的部分是芯片。芯片作为物联网关键技术有其自身的特征和要求，诸如无线射频、低功耗、高度集成、智能可定制等。目前，为达成这些要求的物联网所需芯片等组件的费用依然较高。对面广量大的教学系统来说，全部植入上述功能的芯片显然不切实际。如何有效解决这一问题还有待于通过技术进步逐步降低芯片成本。但无论如何降低，芯片的成本最终还是会有一个成本极限，目前预估是每个射频标签为一两个美分。

6.5 物联网在医疗中的应用

最初医疗信息化在物联网解决的思路就是“移动”，需要“移动计算”，需要“智能识别”。从 2004 年以后在医疗行业兴起移动医疗的热潮，移动医疗的核心是管理观念的转变，从业务系统转向对象管理，这也是物联网最先的原动力。在医疗物联网的研究应用中得出了非常重要的想法：所有的系统要基于对象。在医疗行业最重要的对象就是病人，围绕病人的是医生、护士、药品、器械及所有跟病人有关的系统，如果我们把这些系统有序地按照一定的标准和管理规范进行有序的管理，得到的效果是所有的对象都是有序地运行，在控制下进行运作，这样医院的基本医疗安全、质量就得到了保障，这就是简约数字医疗战略的物联网。所以无论是应用物联网技术，还是应用对象管理的技术，要简单、简化。简约有三个含义：首先是简单；第二是标准化；第三是有可靠性的。我国目前已经进入了老龄化社会，对下一代的健康与安全问题也日益受到关注，面向老人和儿童的个人健康监护需求将不断扩大。无线传感器网络将为健康的监测控制提供更方便、更快捷的技术实现方法和途径，应用空间十分广阔。

6.5.1 智慧医疗的形成

智慧医疗是物联网时代的一种新型医疗形态，这一概念的提出源于物联网的发展。智慧医疗就是物联网在医疗领域应用的产物。1994 年，世界电信发展会议就提出利用信息通信服务来提高发展中国家的医疗服务。2005 年，世界卫生大会认为数字医疗可以实现低成本、高效率的服务，并强调成员国积极进行数字医疗的规划。2007 年，国际电信联盟发布了发展中国家执行数字医疗的指南和原则。2008 年，IBM 进一步提出了“智慧地球”的概念，随后设想将物联网技术应用到医疗领域中，实现医疗信息的互联共享，同时认为物联网技术有助于整合医疗平台、电子健康档案系统。

国家要建立创新型国家，从卫生部门来说也希望提供创新的科学的现代化服务，这也跟国家大力发展现代服务业有重大的关系，我们利用物联网技术来实现传统医疗模式的创新，实现传统医疗信息化的创新。

通过利用物联网技术能够构建电子医疗体系，从而给医疗服务领域带来更多的便利。要提高医疗服务现代化水平，不仅要提高对病人的高精尖的医疗人才的服务，同时还要通过这样的手段来提高医护人员自身的服务能力。

物联网技术以其终端可移动性、接入灵活方便等特点在医院的应用彻底打破了医院固定组网方式和各科室信息管理系统比较独立的局限性，使医院能够更加有效地提高管理人员、医生和护士的工作效率，协调相关部门有序工作，有效提高医院整体信息化水平和服务能力。

通过安装无线视频监控，可以对病房进行有效的实时监控，在重症监护室（ICU 病房），可以使医生或患者家属时刻掌握病人治疗情况。鉴于医疗场所以及工作业务的特殊性，医院需要对病人位置、药品以及医用垃圾进行跟踪。确定病人位置可保证病人在出现病情突发的情况下能够得到及时抢救治疗，药品跟踪可使药品使用和库存管理更加规范，防止缺货以及方便药品召回，定位医用垃圾的目的是明确医院和运输公司的责任，防止违法倾倒医疗垃圾，造成医院环境污染。物联网的应用将为这些工作提供快速、准确的服务。带有 RFID 腕带的病人，贴有 RFID 标签的药瓶和医用垃圾袋，均可通过无线网络的无线定位功能被随时定位其位置。

此外，无线技术的应用可以为各类用户提供便利的上网服务，从而提高医院服务满意度。

在医院部署无线网络，不仅方便为病人和医务人员提供无线上网服务，还可以方便地为病人的家属、访客等提供上网服务。

在医疗领域里，RFID 的应用空间很大，因为，条码很难满足医院对于个体追溯的需求，所以 RFID 应用在医疗领域势在必行。未来，医疗行业 RFID 应用的特征将会是：需求全面增加，各家医院在共同需求（比如住院病人腕带系统利用 WLAN 技术）提升的同时，将体现出多样性与兼容性并举的需求。同时，随着 RFID 成本的进一步降低，RFID 技术与条码技术相比优势将更加突出。因此，RFID 技术将会全方位替代现有条码技术，并在医疗领域得到广泛应用。

6.5.2 智慧医疗的概况

智慧医疗是一种以患者数据为中心的医疗服务模式，主要分为三个阶段：数据获取、知识发现和远程服务。其中，数据获取由医疗物联网完成；知识发现主要依靠医疗云强大的大数据处理能力进行；远程服务由云端服务与轻便的智能医疗终端共同提供。这三个阶段周而复始，形成了智慧医疗的循环。

智慧医疗物联网分为三个方面。

①“物”就是对象，就是医生、病人、机械等。

②“网”就是流程，医疗的物联网，这个网络必须是基于标准的流程。物联网的概念必须提升到一个流程。

③“联”就是信息交互，物联网对象是可感知的、可互动的、可控制的。

6.5.3 智慧医疗服务范畴和应用模式

1. 身份确认

病人身份确认是指医务人员在医疗活动中对病人的身份进行查对、核实，以确保正确的治疗用于正确的病人的过程。病人身份的准确辨认是保证医疗护理安全的前提，正确的病人身份识别是医疗安全的保障。

特别紧急的，为了能对病人进行快速身份确认，完成入院登记并进行急救，医务部门迫切需要确定伤者的详细资料，包括姓名、年龄、血型、亲属姓名、紧急联系电话、既往病史等。以往的人工登记既慢且错误率高，而且对于危重病人根本无法正常登记。据统计，我国医院每年都有相当一部分病人很长时间都无法确认病人身份，难以和家属联系，因此医院每年都有大量资金无法收回。

在美国 Wellford hall 治疗中心，为了加快急诊抢救病人的处理速度，他们采用了 RFID 应用系统。过去医院接收一名病人，仅仅是入院登记就需要 15 min 左右；而今采用了 RFID 医疗卡，只需短短的 2 min。平常就诊时，将信息印制在医疗卡上，由病人随身携带。当该病人入院诊治时，医院只需用 RFID 阅读器阅读医疗卡上的标签信息，所有数据不到 1 s 就进入计算机中，完成病人的入院登记和病历获取，因此为急救病人节省了许多宝贵的时间。由于 RFID 技术提供了一个可靠、高效、省钱的信息储存和检验方法，因此医院对急诊病人的抢救不会延误，更不会发生伤员错认而导致医疗事故。

RFID 标签具有体积小、容量大、寿命长、可重复使用等特点，可支持快速阅读、非可视识别、移动识别、多目标识别、定位及长期跟踪管理，这些特点促进 RFID 技术在解决医院就诊患者身份识别的问题上得到进一步的应用。

2. 人员定位及监控

在医院，人员定位包括对医护人员和患者的定位和追踪，将腕式 RFID 标签佩戴于工作人员和病人手腕上，就可以对他们的位置进行持续的定位与追踪，同时也可以和门禁控制的功能相结合，确保只有经过许可的人员才能进入医院关键区域，如限制未经许可人员进入药房、儿科和其他高危区域等。腕式标签还具有防拆卸功能，预防病人佩戴的标签被非法拆卸或破坏。病人出现紧急情况时，可通过标签上的紧急按钮进行呼叫。

据悉，目前在美国和欧洲基于 Wi-Fi 定位技术的实时定位系统已经成为一种主流技术，主要应用于医院追踪资产、设备和病人，及时了解和掌握关键工作人员、资产和医疗设备的实时位置信息已成为医疗保健机构的主要任务之一，这能帮助医疗保健机构降低成本、改善工作流程和提高病人护理服务质量。

美国阿拉巴马州伯明翰市的 St.Vincent 医院安装了一套室内定位系统用于对病人的管理，通过护士站的电子显示屏或医院的监控计算机或医生的随身 PDA，即可掌握病人的物理位置。从而实现了对手术病人、精神病人和智障患者等的 7×24 小时实时状态监护，保障病人安全。

各大医疗设备供应商、系统集成商纷纷通过将定位数据和其他资料相结合的方式，使其简单的定位系统得以进化，他们利用网络化的仪表打造出可以监控全医院病人流动的全新病房定位系统。

在国内，除了少数信息化水平较高的医院试点应用基于无线定位技术的人员定位系统外，其他中小医院尚未应用，随着新型医疗模式的出现，与物联网技术相关的无线定位系统在医疗机构的应用将具备更加广泛的应用前景。

3. 一卡通

数字化医院管理一卡通是智能卡在医院的综合应用，它涵盖员工、病人在医院工作生活的方方面面，包括人员信息管理、门/急诊管理、住院管理、消费/订餐管理、公寓管理等方面，既是持卡人信息管理的载体，也是医院后勤服务的重要设施。由于它和医院的日常管理和生活息息相关，相比其他管理信息系统，通过“医院管理一卡通”建设的成功，更能直接体现医院优越的管理素质，更能让员工、病人、病人亲属和外来访客们感受到贴心的关怀。

2009 年，随着新医改方案的出台，卫生部也加大信息化建设的推进力度。并且对 RFID 技术应用的推进力度明显加大。此外，《卫生信息化 2003—2010 年发展纲要》中把 IC 卡应用和普及作为一项重点。

卫生领域 IC 卡及 RFID 技术下一阶段的应用发展，是与银行、社保等部门联合开展医疗就诊卡的通用模式与标准研究；加强医疗行业与银行等部门、行业的联合，建立区域间的协调互动机制；推进集个人身份信息、社保、医保、医疗、旅游、交通、购物消费、金融等服务于一体的“一卡通”产品应用，并推广大容量智能卡在卫生领域的应用，在卡片内记录诊疗记录，取代传统的病历本。

将 RFID 智能标签置于“医疗保健卡”的卡片上，标签可以记载救诊病人自身完整的救诊记录。任何医生或者其他医护人员都能够即时读取、存储关键的病历信息。这样，可促使个人无论在哪里都能够得到良好的照顾与精确的诊断。

有行业数据显示，中国在 RFID 领域的地位不断上升，有望成为世界第三大市场。在一卡通方面，医疗、教育和交通等行业在 2009 年均得到了非常广泛的应用，“一卡通”就医卡的应用明显增多。

“一卡通”的发展与 IC 卡的发展是紧密相连的，与欧、美、日相比，中国 IC 卡产业进入市场较晚，但在应用开发上反而领先，随着医疗体制的进一步改革，基于 RFID 技术的“一卡通”业务在国内医疗信息市场上将会被更广泛的推广。

4. 无线（移动）医疗监护

医疗监护是对人体生理和病理状态进行检测和监视，它能够实时、连续、长时间地监测病人的重要生命特征参数，并将这些生理参数传送给医生，医生根据检测结果对病人进行相应的诊疗。它在危重病人的监护、伤病人员的抢救、慢性病患者和老年患者的监护以及运动员身体活动的检测等领域发挥着重要的作用。

目前，医院监护系统大多使用固定的医疗监护设备，通过传感器采集人体生理参数，通过线缆将数据传输到监护中心。建立在线缆连接基础上的传统监护系统往往体积大、功耗大、不便于携带，限制了病人和医护人员的行动，增加了他们的负担和风险，已经越来越不能满足当今实时、连续、长时间地监测病人的重要生命特征参数的医疗监护需求。同时这种传统的医疗监护方法容易增加病人心理压力和紧张情绪，进而影响病人身体状况，使诊断数据与病人真实的生理状况产生一定差距，影响对病情的正确诊断。为了使经常需要测量生理参数的患者（如慢性病人或者老年患者等）能够在随意运动的状态下接受监护，无线医疗监护技术已越来越受关注。

智能化无线医疗监护服务是以无线局域网技术和 RFID 技术为底层，通过采用智能型手持数据终端为移动中的一线医护人员提供“移”触即发的随身数据应用。医护人员查房或者移动的状态下，可通过智能型手持数据终端的护理人员端软件，透过无线网络实时联机，与医院信息系统数据中心的数据交互。使医护人员随时随地在手持数据终端上获取全面医疗数据的信息服务系统，而病人可通过佩戴在手上的装有 RFID 的手环，在与计算机连接的 RFID 阅读器查询显示该患者目前的检查进度，并可获取全面医疗数据的信息服务系统，根据历史记录和临床检查结果，对比患者病情的变化情况，及时地会诊和制定治疗方案。

6.5.4 智能医疗的发展趋势

物联网技术将被广泛用于外科手术设备、加护病房、医院疗养和家庭护理中，智能医疗结合无线网技术、条码 RFID、物联网技术、移动计算技术、数据融合技术等，将进一步提升医疗诊疗流程的服务效率和服务质量，提升医院综合管理水平，实现监护工作无线化，全面改变和解决现代化数字医疗模式、智能医疗及健康管理、医院信息系统等的问题和困难，并大幅度提高医疗资源高度共享，降低公众医疗成本。智能医疗未来的发展方向集中体现在以下几方面。

（1）通过电子医疗和 RFID 物联网技术能够使大量的医疗监护的工作实施无线化，而远程医疗和自助医疗，信息及时采集和高度共享，可缓解资源短缺、资源分配不均的窘境，降低公众的医疗成本。

（2）依靠物联网技术，实现对医院资产、血液、医疗废弃物、医院消毒物品等的管理，在药品生产上，通过物联网技术实施对生产流程、市场的流动以及病人用药的全方位的检测。

（3）依靠物联网技术通信和应用平台，包括实时付费以及网上诊断，网上病理切片分析，设备的互通等；实行家庭安全监护，实时得到病人的各种各样的信息。

（4）通过物联网技术来实行灾难现场医疗数据的采集，包括互联互通的各种医疗设备，特别是由于次生灾害造成的损害，通过物联网实现现场的统一资源的调度。

将物联网技术用于医疗领域，通过数字化、可视化模式，可使有限医疗资源让更多人共享。从目前医疗信息化的发展来看，随着医疗卫生社区化、保健化的发展趋势日益明显，通过射频仪器等相关终端设备在家庭中进行体征信息的实时跟踪与监控，通过有效的物联网，可以实现医院对患者或者是亚健康病人的实时诊断与健康提醒，从而有效地减少和控制病患的发生与发展。此外，物联网技术在药品管理和用药环节的应用过程也将发挥巨大作用。

随着移动互联网的发展，未来医疗向个性化、移动化方向发展，如智能胶囊、智能护腕、智能健康检测产品将会广泛应用，借助智能手持终端和传感器，有效地测量和传输健康数据。

未来几年，中国智能医疗市场规模将超过一百亿元，并且涉及的周边产业范围很广，设备和产品种类繁多。这个市场的真正启动，其影响将不仅仅限于医疗服务行业本身，还将直接触动包括网络供应商、系统集成商、无线设备供应商、电信运营商在内的利益链条，从而影响通信产业的现有布局。

总之，基于物联网技术的智能医疗使看病变得简单。举一个简单的例子：患者到医院，只需在自助机上刷一下身份证，就能完成挂号；到任何一家医院看病，医生输入患者身份证号码，立即能看到之前所有的健康信息、检查数据；带个传感器在身上，医生就能随时掌握患者的心跳、脉搏、体温等生命体征，一旦出现异常，与之相连的智能医疗系统就会预警，提醒患者及时就医，还会传送救治办法等信息，以帮助患者争取黄金救治时间。

6.6 物联网在工业中的应用

《国务院关于加快培育和发展战略性新兴产业的决定》提出“促进物联网、云计算的研发和示范应用”。工业是物联网技术的重要应用领域。要实现从“中国制造”向“中国创造”的转变，必须大力推广应用物联网技术。

6.6.1 物联网技术在工业领域的应用现状

目前，物联网技术在产品信息化、生产制造环节、经营管理环节、节能减排、安全生产等领域得到应用。

1. 物联网技术在产品信息化领域的应用

产品信息化是指将信息技术物化在产品中，以提高产品中的信息技术含量的过程。推进产品信息化的目的是增强产品的性能和功能，提高产品的附加值，促进产品升级换代。目前，汽车、家电、工程机械、船舶等行业通过应用物联网技术，提高了产品的智能化水平。

在汽车行业，物联网汽车、车联网、智慧汽车等逐渐兴起，为汽车工业发展注入新动力。2010 年 6 月，针对物联网在汽车行业的应用，国际标准化组织提出了全网车（The Fully Networked Car，FNC）的概念，其目标是使汽车驾驶更安全、更舒适、更人性化。通用汽车推出了电动联网概念车 EN-V，通过整合 GPS 导航技术、Car-2-Car 通信技术、无线通信及远程感应技术，实现了自动驾驶。车主可以通过物联网对汽车进行远程控制。例如在夏季，车主可以在进入停车场前通过手机启动汽车空调。在车辆停放后，车载监控设备可以实时记录车辆周边的情况，如发现偷窃行为，系统会自动通过短信或拨打手机向车主报警。汽车芯片感应防盗系统可以正确识别车主，在车主接近或远离车辆时自动打开或关闭车锁。售后服务商可以监测车辆运行状况，对故障进行远程诊断。Car-2-Car 通信技术可以使车辆之间保持一定的安全距离，避免对撞或追尾事故。

在家电行业，物联网家电的概念已经出现，物联网技术的发展将促进智能家电的发展。美的集团在上海世博会上展示了物联网家电解决方案。海尔集团推出了物联网冰箱和物联网洗衣机，小天鹅物联网滚筒洗衣机已进入美国市场。小天鹅物联网滚筒洗衣机专门针对美国新一代智能电网进行设计，能识别智能电网运行状态及分时电价等信息，自动调整洗衣机的运行状态以节约能耗。

在工程机械行业，徐工集团、三一重工等都已在工程机械产品中应用物联网技术。通过工程机械运行参数实时监控及智能分析平台，客服中心可以通过电话、短信等纠正客户的不规范操作，提醒进行必要的养护，预防故障的发生。客服中心工程师可以通过安装在工程机械上的智能终端传回油温、转速、油压、起重臂幅、伸缩控制阀状态、油缸伸缩状态、回转泵状态等信息，对客户设备进行远程诊断，远程指导客户如何排除故障。

2. 物联网技术在生产制造领域的应用

物联网技术应用于生产线过程检测、实时参数采集、生产设备与产品监控管理、材料消耗监测等，可以大幅度提高生产智能化水平。在钢铁行业，利用物联网技术，企业可以在生产过程中实时监控加工产品的宽度、厚度、温度等参数，提高产品质量，优化生产流程。在家电行业，海尔集团在数字化生产线中应用了 RFID 技术，提高了生产效率，每年可节省 1 200 万元。

3. 物联网技术在经营管理领域的应用

在企业管理方面，物联网技术主要应用于供应链管理、生产管理等领域。

（1）在供应链管理领域的应用。

在供应链管理方面，物联网技术主要应用于运输、仓储等物流管理领域。将物联网技术应用于车辆监控、立体仓库等，可以显著提高工业物流效率，降低库存成本。海尔集团通过采用 RFID 提高了库存管理水平和货物周转效率，减少了配送不准确或不及时的情况，每年减少经济损失达 900 万元。鹤山雅图仕印刷有限公司的 RFID 应用项目实施 3 年，成品处理效率提高了 50%，差错率减少了 5%，人力资源成本减少了 2 700 万元。

（2）在生产管理领域的应用。

在纺织、食品饮料、化工等流程型行业，物联网技术已在生产车间、生产设备管理领域得到应用。例如，无锡一棉开发建立了网络在线监控系统，可对产量、质量、机械状态等 9 类 168 个参数进行监测，并通过与企业 ERP 系统对接，实现了管控一体化和质量溯源，提升了生产管理水平和产品质量档次。此外，还可以及时、准确地发现某台（某眼、某锭）的异常情况，引导维修人员有的放矢地工作。

4. 物联网技术在节能减排领域的应用

物联网技术已在钢铁、有色金属、电力、化工、纺织、造纸等“高能耗、高污染”行业得到应用，有效地促进了这些行业的节能减排。智能电网的发展将促进电力行业的节能。江西电网公司对分布在全省范围内的 2 万台配电变压器安装传感装置，对运行状态进行实时监测，实现用电检查、电能质量监测、负荷管理、线损管理、需求侧管理等高效一体化管理，一年降低电损 1.2 亿千瓦时。

利用物联网技术建立污染源自动监控系统，可以对工业生产过程中排放的污染物 COD（化学耗氧量）等关键指标进行实时监控，为优化工艺流程提供依据。

5. 物联网技术在安全生产领域的应用

物联网已成为煤炭、钢铁、有色等行业保障安全生产的重要技术手段。通过建立基于物联网技术的矿山井下人、机、环境监控及调度指挥综合信息系统，可以对采掘、提升、运输、通风、排水、供电等关键生产设备进行状态监测和故障诊断，可以监测温度、湿度、瓦斯浓度等。一旦传感器监测到瓦斯浓度超标，就会自动拉响警报，提醒相关人员尽快采取有效措施，减少瓦斯爆炸和透水事故的发生。通过井下人员定位系统，可以对井下作业人员进行定位和跟踪，并识别他们的身份，以便在矿难发生时得到及时营救。

6.6.2 工业领域物联网技术推广策略

物联网技术在工业领域具有广泛的应用前景，是建设“智慧企业”，发展“智慧工业”的关键技术。我们可以从以下几方面推进物联网技术在工业领域的应用。

（1）推进物联网技术在产品信息化中的应用。

鼓励企业将物联网技术嵌入到工业产品中，提高产品网络化、智能化程度。重点在汽车、船舶、机械装备、家电等行业推广物联网技术，推动智慧汽车、智能家电、车联网、船联网等的发展。推进电子标签技术与印刷、造纸、包装等技术融合，使 RFID 嵌入到工业产品中。

（2）在生产制造环节推广物联网技术，提高工业生产的自动化、智能化水平。

通过进料设备、生产设备、包装设备等的联网，发展具有协作能力的工业机器人群，建设“无人工厂”，提高企业产能和生产效率。

（3）在经营管理环节推广物联网技术，提高企业管理效率和智能化水平。

在供应链管理、车间管理等管理领域推广物联网技术。

（4）推进物联网技术在工业节能减排领域的应用。

利用物联网技术对企业能耗、污染物排放情况进行实时监测，对能耗、COD、SO_2 等数据进行分析，以便优化工艺流程，采取必要的措施。

（5）推进物联网技术在工业安全生产领域的应用。

利用物联网技术对工矿企业作业设备、作业环境、作业人员进行实时监测，对温度、压力、瓦斯浓度等数据进行分析，当数据超标时自动报警，以便有关人员及时采取措施；或自动停机、切断电源、加大排风功率等，以避免重大安全生产事故发生。

6.7 物联网在智能家居中的应用

6.7.1 智能家居系统概述

随着经济的飞速发展，国民收入日趋增长，一些富裕的人们已经不再单方面追求财产的数量，而是越来越注重生活的质量，如何生活的更轻松、更快乐、更放心则是他们的首要目标。而众所周之，住宅的建筑面积大，人们在享受住宅带来的宽敞的居住条件的同时，也不得不面对随之而来的一些问题。最明显的无疑是卫生、安全方面，由于居住面积很大，普通住宅里一个人就能完成的工作，在住宅中就很不够，工作量大大提升，即使外聘保姆，特别是安全方面，效果也甚微。可见如何在住宅中实现轻松管理，在享受宽大的住宅面积的同时也不会为其他事情感到烦恼，这是家庭用户急需解决的问题。

并且，随着时代的发展，人们已经不满足于传统的家居享受方式。假山流水早已是高档住宅的必须之物，主人可以根据自己的喜好，或者情况的不同，随心所欲地调整假山上的流水方式；家中的灯光模式，即灯光数量、灯光颜色、灯光效果等，也可以随着场合的不同随意的更改；将 3D（三维）影院搬入家居也已经是现在的潮流，足不出户，就可以在家里带上 3D 眼镜体验 3D 效果带来的视觉冲击；不在家时可以通过手机远程遥控自己家中的各类电器，比如回家前可以远程遥控自己的空调，令其先制冷，遥控自家的热水器，将热水先烧开；回家的路上车子的信息被阅读器识别，在快到家中的时候，大门自动打开，并显示欢迎回家之类的标语等。传统的观念已经很难满足诸如此类的需求，引入新的概念，改变传统方式，才会在这个问题上取得突破性进展。

智能家居是 IT 技术（特别是计算机技术）、网络技术、控制技术向传统家电产业渗透发展的必然结果。由社会层面来看，近年来信息化的高速发展，通信的自由化与高层次化，业务量的急速增加与人类对工作环境的安全性、舒适性、效率性要求的提高，造成家居智能化的需求快速增加。在科学技术方面，由于计算机控制技术的发展与电子信息通信技术的成长，也促成了智能家居的诞生。

智能家居是一个多功能的技术系统，如图 6-7 所示。包括可视对讲、家庭内部的安全防范、家居综合布线系统、照明控制、家电控制、室内环境状况监测，以及设备控制、远程视频监控、声音监听、家庭的影音系统，还包括远程医疗、远程教学等。家居智能化包含的内容比较多，国内目前的产品分为总线制、电力线载波、无线等方式，在网络连接方面采用总线制联网、电话联网或者通过以太网方式来实现。

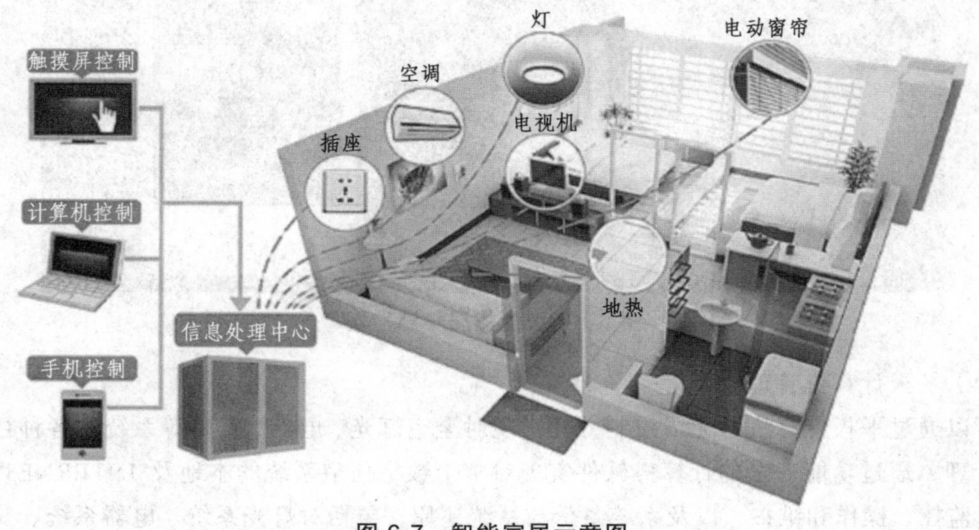

图 6-7　智能家居示意图

6.7.2　物联网智能家居系统应用

采用物联网技术的智能家居系统可以通过以下几种方式实现对家居系统中各种设备的控制。

（1）传统手动控制。

保留智能住宅内所有灯及电器的原有手动开关、自带遥控等各种控制方式，对住宅内所有灯及电器，无需进行改造，保留原有的手动开关及自带遥控等各种控制方式，充分满足家庭内不同年龄、不同职业、不同习惯的家庭成员及访客的操作需求；不会因为局部智能设备的临时故障，导致出现不能实现控制的情况。

（2）智能无线遥控。

一个遥控器，实现对所有灯光、电器及安防的各种智能遥控以及一键式场景控制，实现全宅灯光及电器的开关、临时定时等遥控，各种编址操作，一键式情景模式，配合数字网络转发器，实现本地及异地万能遥控。

（3）一键情景控制。

一键实现各种情景灯光及电器组合效果，可以用遥控器、智能开关、计算机等实现“回/离家、会客、影院、就餐、起夜”等多种一键功能，如图 6-8 所示。

图 6-8　智能家居一键控制

（4）平板计算机管理。

可以通过平板计算机的无线控制方式实现对全宅灯光、电器、安防等系统的各种智能控制与管理，通过功能齐全的计算机软件实现对整个数字住宅系统的本地及 INTERNET 远程配置、监控、操作和维护，以及系统备份与系统还原；包括对灯光系统、电器系统、安防系统等各大系统的智能管理与监控。

（5）电话远程控制。

可以实现用电话或手机远程控制整个智能住宅系统以及实现安防系统的自动电话报警功能。无论您在哪里，只要一个电话就可以随时实现对住宅内所有灯及各种电器的远程控制。离家时，忘记关灯或关电器，打个电话就可实现全关；回家前，打个电话可以先把热水器启动，空调打开。若配置了安防系统，则当家里发生入室盗窃等各种险情，安防系统自动拨打预设的电话号码。

（6）Internet 远程监控。

通过互联网实现远程监控、操作、维护以及系统备份与系统还原，只要用户授权，就可以实现远程售后服务。无论在哪里，只要通过 Internet 都可随时了解家里灯具及电器的开关状态。随时根据需求，更改系统配置、定时管理事件，还可随时修改报警电话号码；若授权服务工程师，可以让他们协助远程售后服务。

（7）事件定时管理。

可以个性化定义各种灯具及电器的定时开关事件。一个事件管理模块可以设置多个事件，可以将每天、每月、甚至一年的各种事件都设置进去，充分满足用户的实际需求。可设置早上定时起床模式，晚上自动关窗帘模式，还有出差模式，等等。

（8）设备联动控制。

根据家里设置的各种传感器探测到的信息，按照事先设定的条件，联动相应的设备，以达到节能、环保、舒适、方便的功能。

6.7.3 物联网智能家居发展趋势

智能家居系统是物联网技术应用于家居系统的发展趋势，已经有越来越多的人和家庭接受了。

智能家居从早期的功能单一，到现在的全面化发展；从只是单方面强调功能到现在的多样化概念与发展，一直处于蓬勃发展过程中。

6.8 物联网在移动通信中的应用

由于物联网信息节点的广泛性和移动性，就决定了各种无线通信技术将是物联网的主要联网技术。同时随着第四代移动通信的不断发展普及，现代移动通信网络的数据通信功能日益强大，网络支持的业务范围更加广泛。因此，现代移动通信网络为物联网的实现提供了很好的物质基础，移动通信系统必将在物联网的组网过程中得到广泛应用。

6.8.1 移动通信在物联网中应用的主要方式

移动通信系统一般由移动终端、传输网络和网络管理维护等部分组成，因此移动通信在物联网的应用主要包括以下几方面。

（1）物联网在移动通信终端中的应用。

移动通信系统的移动终端作为信息接入的终端设备，可以随网络信息节点移动，并实现信息节点和网络之间随时、随地通信。对比移动通信终端和物联网节点信息感知终端的功能和工作方式可知，移动通信终端可以作为物联网信息节点的通信部件使用。

（2）物联网在移动通信传输网络中的应用。

移动通信系统的传输网络主要实现各移动节点的相互连接和信息的远程传输，而物联网中的信息传输网络也是完成类似的功能。因此，可以将现有的移动通信系统的信息传输网络作为物联网的信息传输网络使用，也即可以将物联网承载在现有的移动通信网络之上。

（3）移动通信网络管理平台在物联网中的应用。

移动通信网络的网络管理维护平台主要用来实现对网络设备、性能、用户及业务的管理和维护，以保证网络系统的可靠运行。为了保证信息的安全、可靠传输，物联网同样需要相应的管理维护平台以完成物联网相关的管理维护功能。因此，可以将移动通信网络管理维护的思想、架构应用到物联网的网络管理和维护中。

6.8.2　移动通信应用于物联网应做的主要改进

虽然移动通信网络和物联网的结构类似、功能相近，可以将移动通信系统广泛应用到物联网之中，但是现在的移动通信系统主要是为语音通信设计的，虽然第三代及后继的移动通信系统增强了系统的数据通信功能，但仍然不能将现有的移动通信系统直接作为物联网使用，而必须根据物联网的使用特点加以改进，主要包括两方面的改进。

（1）移动终端的改进。

现在的移动通信终端只有语音或数据的通信功能，还不具有信息的感知和物品的控制功能，因此不能直接作为物联网的节点设备使用。可以通过在移动通信终端中增加相应的传感器和控制元件，或者为现有的传感器和控制器增加移动通信功能，对移动终端加以改进，从而实现移动通信终端和物联网信息终端的融合。

（2）网络管理的改进。

现在的移动通信网络管理中的用户管理、信息传输管理和业务管理都不能满足物联网的使用要求，必须加以改进。物联网中用户不仅包括人，还包括数量更多的物品，且物品的信息发送和接收与传统的用户具有不同的特点，因此必须对现有的用户管理方式进行改进，包括采用新的用户标示手段以增加用户容量、区分物品用户和人员用户的不同，以提高网络的运行效率。其次，物联网对信息传输的安全性和可靠性要求都非常高，这就要求必须改进现在移动通信网络中信息传输的管理方式，以提高其安全性和可靠性。最后，必须为物联网用户不断开发新的业务，并对新的物联网业务进行高效的管理。

6.8.3　物联网在移动通信应用中的现状与展望

如前所述，覆盖地域广泛的移动通信网络系统为人们提供了随时、随地进行信息联网传输的方便手段，物联网则为人们描绘了对实物世界进行更加智能化管理的美好前景。将移动通信技术应用于物联网中的信息接入和传输，实现移动通信网络和物联网的有机融合，既能极大地促进物联网的普及应用，也能为移动通信网络拓宽应用业务范围。

实际上，现在的移动运营商已经将移动通信技术和系统应用到物联网之中，利用现有的移动通信网络开展形式多样的物联网业务：如各运营商利用移动通信网络开展的移动支付业务、物流行业基于移动通信网络的车辆/货物智能管理系统、以及运营商与汽车制造商合作推出的基于移动通信系统的车载信息网络等，都是移动通信技术应用到物联网的例子。

虽然现在已经有了一些移动技术和物联网的融合应用，但是大都局限于一些特定行业，还远没有普及到人们的日常生活之中。究其原因，主要在于两个方面：一是缺乏统一的相关标准对市场的规范和引导，这是移动技术和物联网大规模融合应用需要首先解决的主要问题；二是能够吸引大众的具体业务还有待于大力的研究开发，同第三代移动通信的发展普及相类似，缺乏有足够吸引力的具体应用业务是影响移动通信大规模应用于物联网的另一个主要因素。我们有理由相信，上述两方面的问题解决之后，移动通信和物联网的融合应用必会得到迅速的发展和普及。

6.9 物联网在铁路运输中的应用

近年来，随着我国高速铁路、客运专线建设步伐的加快，对铁路信息化水平的要求越来越高，铁路通信网络也正朝着数据化、宽带化、移动化和多媒体化的方向发展，各方面的条件已经基本满足了物联网在铁路运输领域的推广和应用。其中，在以下几方面尤为值得关注和期待。

6.9.1 物联网在铁路运输中的体现形式

（1）客票防伪与识别。

如果铁路客票采用 RFID 电子客票，其电子芯片的内部数据是加密的，只有特定的阅读器可以读出数据，这将极大增加造假的难度。同时车站及车上的检票人员只需通过便携式的阅读器对车票上的 RFID 电子标签进行读取，并与数据库中的数据进行比对就可以辨别车票的真伪，大大加快了旅客进出站的速度，为方便车站组织旅客乘车提供了便利。

（2）站-车信息共享。

目前铁路在站-车信息共享方面还很不成熟，造成的经济损失以及旅客列车资源浪费的现象还比较严重。如果利用 RFID 技术的网络信息共享性，可以及时将车站的预留客票发售情况反馈给车上，同时将车上的补票情况反馈给车站，就可以清楚地知道有哪些车站的预留车票是没有发售完的，从而方便车上的旅客及时补票。此外，通过该系统中乘坐人员的信息与车站售出车票信息对比，还可以查看是否有用假票乘坐列车的现象。

（3）集装箱追踪管理与监控。

集装箱运输是铁路货物运输的发展方向，是提高铁路服务质量非常有效的运输方式，蕴藏着巨大的增长空间，具备很强的发展优势。目前国际上集装箱的管理基本都是使用箱号图像识别，即通过摄像头识别集装箱表面的印刷箱号，通过图像处理形成数字箱号采集到计算机中，这种方法识别率较低，而且受天气及集装箱破损的影响较大。如果将 RFID 技术应用到铁路集装箱，开发出信息化集装箱，不仅能够随时观测到集装箱在运输途中的状态，防止货物丢失和损坏，也能极大提高铁路集装箱利用的效率和效益。

（4）仓库管理。

在铁路的货运仓库管理方面，RFID 也可充分发挥其电子标签穿透性、唯一性的特点，借助嵌在商品内发出无线电波的标签所记录的商品序号、日期等各项目的信息，让工作人员不用开箱检查就知道里面有几样物品。同时也可以防止货物在仓库被盗、受损等情况。

（5）高速铁路检测。

高速铁路安全体系，有稳定性要求、扩展性要求和移动性要求。未来建立一个基于光纤无线融合传感技术，构建高速铁路基础设施服役状态检测传感物联网，利用固定传感、巡检车传感以及车载传感等多种方式，实现全程动态实时采集高速铁路基础设施服务状态数据，提供运行安全态势预警。

6.9.2 物联网在铁路运输中的愿景——IBM 智慧铁路

当前全球范围内铁路服务需求的增加，给现有的铁路运输能力和基础设施带来前所未有的压力。然而，日益老化的系统与传统的业务实践往往无法解决这些问题。通过积极地采用新技术和现有技术来获取整个铁路网的信息，并对这些信息进行关联和分析，可以让铁路部门变得更加高效灵活，从而建立一个响应速度更快、更加灵活的运作环境。

IBM 和 Cisco 联合设计铁路行业智能解决方案提供了一个基于智能化信息网络的统一信息系统，解决了运营中心、移动车辆、车站和其他机构间的有效的信息共享和管理流程集成。它是帮助铁路行业提高运营效率的重要手段，也是铁路运输领域物联网化的下一个方向和目标。该套方案可以帮助铁路运营单位通过一个结合了现有系统和新技术的开放架构，来迎接新的生产运营、客户服务与运输安全的挑战。

智能化的列车解决方案可以支持以下功能。

1. 集成和增强的通信功能

可以受益于覆盖车辆内外的集成多频通信系统。这可以帮助我们有效地集成生产运输信息和提高获取生产运输信息的准确性，包括车号识别、车辆跟踪、预防性维护和修理信息、车辆和乘务人员调度信息、列车编组、预确报信息和视频监控信息等，并且可以通过显示屏和话音广播播放提供乘客关心的信息（如准、晚点预告，票额情况）。

2. 数据采集

通过在预定的维护时间从车辆的关键系统搜集车辆运行信息（例如轴温检测、刹车系统、车速等），实时或者在每天结束时将来自列车的运行数据上传到车辆管理和指挥系统。该系统生成实时的故障报告，提醒维修管理人员对存在问题的列车进行维修，通过人工检测和自动检测相结合，进一步避免可能出现的故障隐患，提高列车的安全运输水平。

3. 车载互联网接入

通过为乘客提供更加有效、愉悦的乘车体验，可以增加上座率和提高乘客的满意度。通过在列车中部署无线局域网络技术，铁路行业运营单位可以为长途乘客和城际列车的乘客提供安全的互联网接入服务，一方面提高了乘客的满意度，另一方面也获得了基于服务费用的新创收机会。

4. 车载多媒体终端

通过车载的和可以网络控制的多媒体终端，可以实时视频监控车辆的运行情况，提供增值的广告发布手段，增加新的服务机会和收入。

构建“智慧铁路”愿景，包括以下几种解决方案。

（1）可感应，可度量的解决方案。

列车停运的机率由于自诊断子系统的存在而大幅降低。智能的传感器在列车停运甚至出轨前，就能发现潜在的问题。车厢可以监控自身的状况。

（2）视频监控解决方案。

智慧铁路提供了一种更智慧的方法去协助人工监控。IBM 的先进视像识别技术将可以把从摄像头所收集到的影像数据进行智能分析和筛选，协助发现潜在危机，打造更好的安全铁路。远程传感解决方案：运用先进的无线传感器网络在每节车厢的关键点处安装传感器，持续监控车厢的情况并在火车改组时自动检测其编组。这些措施可推动制订一个可行解决方案以检测、甚至预测潜在的灾难性故障。

（3）资产管理解决方案。

智慧的铁路将可以实时收集并分析来自铁路设备资产的信息以及性能的趋势，并以此作为实行预测性维护的标准，在优化设备性能的同时最小化对于乘客的影响。

（4）智能化的智慧铁路解决方案。

可感知和互联互通的对象与流程和复杂的商务系统可以彼此对话，深度挖掘数据，分析相关性，连续而实时地进行决策。智能被注入每一个系统以及流程，从而进行与产品和人有关的生产、销售、流通及服务。

（5）商务智能解决方案。

通过对供应链、旅客出行模式等方面进行智能分析，不但可以实现铁路运力的提升以及铁路资源的利用率，更可以减少铁路的拥挤情况以及最小化对环境的影响。

而 IBM 提出构建智慧的铁路愿景，就是要利用其更透彻的感知和度量、更全面的互联互通和更深入的智能化三大特点，实现智能信息的网络化，进而在整个铁路系统、企业内部以及合作伙伴之间实现信息的互联和共享。在这个基础上，感知和度量可帮助铁路公司收集信息，进而更好地监控运营；而信息整合、复杂的分析可将战略决策与新锐洞察结合起来，帮助铁路系统提高服务质量、服务安全性、服务可靠性并节约成本。这个策略是铁路信息化实现更好发展的一条路径，可以帮助打造安全、高效、绿色、智能的铁路。

6.10 本章小结

物联网改变世界，既可以丰富和改善我们的物质生活，也可以极大提高生活和工作的效率。本章主要介绍了物联网的应用，分别从农业、工业、物流、教育、医疗、通信及智能家居等方面进行了阐述，物联网的具体应用在社会生活的方方面面都有所体现，因此，在我们以后的生活中，物联网会像一股势不可挡的潮水向我们涌来，渗透到现实世界的每个角落。

习 题

1. 简述物联网在教育中的应用。
2. 什么是智慧医疗？智慧医疗的应用模式有哪些？
3. 什么是智能家居？谈谈智能家居的应用和发展趋势？
4. 设计一个简单的物联网系统，来解决现实生活当中遇到的各种问题。

7 物联网安全问题

随着物联网建设的快速发展和不断前进，物联网的安全问题已经成为制约物联网发展的重要因素。在物联网发展的成熟阶段，物联网体系中的每一个实体都具有一定的感知、计算和执行能力，普遍存在的这些具有感知功能的设备将会对国家、社会乃至个人的信息安全产生新的威胁。物联网是一种虚拟网络与现实世界实时交互的新型系统，其特点是无处不在的数据感知、以无线为主的信息传输、智能化的信息处理。物联网技术的推广和运用，一方面将显著提高经济和社会运行效率，另一方面也对国家、企业和公民的信息安全和隐私保护问题提出了严峻的挑战。

7.1 物联网未来发展的焦点：安全问题

物联网通过 RFID 技术、无线传感器技术及无线通信技术等手段实现物物相连，进而在互联网的基础上，实现人与物的相互通信。对此有技术专家表示，由于物联网在很多场合都需要无线传输，这种暴露在公开场所之中的信号很容易被窃取，也更容易被干扰，这将直接影响到物联网体系的安全。物联网规模很大，与社会的联系十分紧密，一旦受到恶意攻击，很可能出现大范围的工厂停产、商店停业、交通瘫痪，让社会陷入一片混乱。所以物联网技术给人类社会带来便捷和经济效益的同时，也带来了很多安全隐患。

物联网除了具有互联网安全的问题外，还有其自身的安全问题，而且这些问题比互联网的安全问题更加复杂。

7.2 信息安全概述

信息安全是一门涉及计算机科学、网络技术、通信技术、密码技术、信息安全技术、应用数学、数论、信息论等多种学科的综合性学科。信息安全涉及多方面的理论和应用知识。除了数学、通信、计算机等自然科学外，还涉及法律、心理学等社会科学。

1. 信息安全的定义

国际标准化组织（ISO）对信息安全的定义是：在技术上和管理上为数据处理系统建立的安全保护，保护计算机硬件、软件和数据不因偶然和恶意的原因而遭到破坏、更改和泄露。

信息安全主要包括以下几方面的内容。

（1）保密性：防止系统内信息的非法泄露。

（2）完整性：防止系统内软件（程序）与数据被非法删改和破坏。

（3）有效性：要求信息和系统资源可以持续有效，而且授权用户可以随时随地以他所喜爱的格式存取资源。

2. 信息安全的基本属性

信息安全包含了保密性、完整性、可用性、可控性、不可否认性等基本属性。

（1）保密性：保证信息不泄露给未经授权的人。

（2）完整性：防止信息被未经授权的人（实体）篡改，保证真实的信息从真实的信源无失真地到达真实的信宿。

（3）可用性：保证信息及信息系统确实为授权使用者所用，防止由于计算机病毒或其他人为因素造成的系统拒绝服务或为敌手所用。

（4）可控性：对信息及信息系统实施安全监控管理。

（5）不可否认性：保证信息“行为人”不能否认自己的行为。

7.3 物联网安全问题分类

7.3.1 感知节点的本地安全问题

1. 安全隐私

如 RFID 技术被用于物联网系统时，RFID 标签被嵌入任何物品中（如人们的日常生活用品中），而物品的拥有者不一定能觉察，从而导致物品的拥有者不受控制地被扫描、定位和追踪，这不仅涉及技术问题，而且还将涉及法律问题。

2. 智能感知节点的自身安全问题

由于物联网的应用可以取代人来完成一些复杂、危险和机械的工作，所以物联网机器/感知节点多数部署在无人监控的场景中。那么攻击者就可以轻易地接触到这些设备，从而对它们造成破坏，甚至通过本地操作更换机器的软硬件。

3. 假冒攻击

由于智能传感终端、RFID 电子标签相对于传统 TCP/IP 网络而言是“暴露”在攻击者的眼皮底下的，再加上传输平台是在一定范围内“暴露”在空中的，“窜扰”在传感网络领域显得非常频繁、并且容易。所以，传感器网络中的假冒攻击是一种主动攻击形式，它极大地威胁着传感器节点间的协同工作。

4. 数据驱动攻击

数据驱动攻击是通过向某个程序或应用发送数据，以产生非预期结果的攻击，通常为攻击者提供访问目标系统的权限。数据驱动攻击分为缓冲区溢出攻击、格式化字符串攻击、输入验证攻击、同步漏洞攻击、信任漏洞攻击等。通常向传感网络中的汇聚节点实施缓冲区溢出攻击是非常容易的。

5. 恶意代码攻击

恶意程序在无线网络环境和传感网络环境中有无穷多的入口。一旦入侵成功，之后通过网络传播就变得非常容易。它的传播性、隐蔽性、破坏性等相比 TCP/IP 网络而言更加难以防范，如类似于蠕虫这样的恶意代码，本身又不需要寄生文件，在这样的环境中检测和清除这样的恶意代码将很困难。

6. 拒绝服务

这种攻击方式多数会发生在感知层安全与核心网络的衔接之处。由于物联网中节点数量庞大，且以集群方式存在，因此在数据传播时，大量节点的数据传输需求会导致网络拥塞，产生拒绝服务攻击。

7.3.2 应用层中信息安全问题

由于物联网节点无人值守，并且有可能是动态的，所以如何对物联网设备进行远程签约信息和业务信息配置就成了难题。另外，现有通信网络的安全架构都是从人与人之间的通信需求出发的，不一定适合机器与机器之间的通信需求。使用现有的网络安全机制会割裂物联网机器间的逻辑关系。

感知节点通常情况下功能单一、能量有限，使得它们无法拥有复杂的安全保护能力，而感知层的网络节点多种多样，所采集的数据、传输的信息和消息也没有特定的标准，所以无法提供统一的安全保护体系。

在物联网络的传输层和应用层将面临现有 TCP/IP 网络的所有安全问题，同时还因为物联网在感知层所采集的数据格式多样，来自各种各样感知节点的数据是海量的、并且是多源异构数据，带来的网络安全问题将更加复杂。

由于国家和地方政府的推动，当前物联网正在加速发展，物联网的安全需求日益迫切。理顺物联网的体系结构、明确物联网中的特殊安全需求，考虑怎样利用现有机制和技术手段来解决物联网面临的安全问题，是目前当务之急。

由于物联网必须兼容和继承现有的 TCP/IP 网络、无线移动网络等，因此现有网络安全体系中的大部分机制仍然可以适用于物联网，并能够提供一定的安全性，如认证机制、加密机制等。但是还需要根据物联网的特征对安全机制进行调整和补充。

7.4 无线传感器网络安全问题

7.4.1 无线传感器网络的安全挑战

无线传感器网络作为计算、通信和传感器三项技术相结合的产物，是一种全新的信息获取和信息处理技术。然而无线传感器网络也具有其自身的弊端，比如通信能力有限、电源能量有限、存储空间和计算能力有限、传感器节点可能被捕获、节点随机部署和网络拓扑结构灵活多变等，诸如此类的这些特点对于物联网安全方案的设计提出了一系列挑战。

1. 有限的通信能量和带宽

传感器的节点能量有限，一般通过电池供电，但在无人值守和环境恶劣的地方，给传感器更换电池不太现实，为了让传感器网络能够高效率的工作，通常我们考虑采用低功耗、低速率、低成本的通信技术，这就要求传感器网络中的安全协议设计不同于常规网络。

2. 存储空间和计算能力有限

传感器网络节点的存储空间和计算能力有限，这就导致已经成熟的算法和安全协议不能直接使用。比如对称密码体制因为密码过长、空间和时间复杂度过大就不能直接应用在传感器网络上；又如非对称密码体制，虽然已经很成功的应用在商业场合，是最理想的认证和签名体制，但一对公私钥的长度就达到几百个字节，在加密和解密过程中形成的中间结果也需要很大的存储空间，而传感器节点有限的存储空间是无法存储大量的中间结果数据，并且有限的计算能力也是无法完成大量的计算，甚至有限的电池也会很快耗尽，这就决定了已有的加密经典算法无法直接应用在传感器网络上。

3. 节点可能被捕获

目前无线传感器网络的应用已经体现在农业、工业、物流、教育、运输、通信等社会生活中的方方面面。有些传感器是专用于探测敌方的一些情报和数据，那么应用于敌方阵地的传感器网络，节点本身就处于危险区域，不管是在物理上还是逻辑上都容易被敌方捕获，如何及时地从网络中移除被捕获的节点，如何将被捕获的节点带来的信息泄露降到最低，这也是传感器网络安全设计应考虑到的问题。

4. 节点随机部署

无线传感器网络布置尤其是在大型无线传感器网络中，传感器节点有时是随机散播的，节点可能是通过飞机或大炮的形式播散出去，这些节点就要通过自组织的方式构成网络，任何两个节点是否互为邻居在部署之前是不知道的，这就给网络中实现点到点的动态安全带来了挑战。

无线传感器网络中的两种专用安全协议：安全网络加密协议 SNEP（Sensor Network

Encryption Protocol）和基于时间的高效的容忍丢包的流认证协议μTESLA。SNEP 的功能是提供节点到接收机之间数据的鉴权、加密、刷新，μTESLA 的功能是对广播数据的鉴权。因为无线传感器网络可能是布置在敌对环境中，为了防止供给者向网络注入伪造的信息，需要在无线传感器网络中实现基于源端认证的安全组播。但由于在无线传感器网络中，不能使用公钥密码体制，因此源端认证的组播并不容易实现。传感器网络安全协议中提出了基于源端认证的组播机制μTESLA，该方案是对 TESLA 协议的改进，使之适用于传感器网络环境。其基本思想是采用 Hash 链的方法在基站生成密钥链，每个节点预先保存密钥链最后一个密钥作为认证信息，整个网络需要保持松散同步，基站按时段依次使用密钥链上的密钥加密消息认证码，并在下一时段公布该密钥。

7.4.2 无线传感器网络的安全分析

1. 物理层的攻击和防御

物理层中安全的主要问题就是如何建立有效的数据加密机制，由于传感器节点的限制，其有限计算能力和存储空间使基于公钥的密码体制难以应用于无线传感器网络中。为了节省传感器网络的能量开销和提供整体性能，也尽量要采用轻量级的对称加密算法。对称加密算法在无线传感器网络中的负载，在多种嵌入式平台架构上分别测试了 RC4、RC5 和 IDEA 等 5 种常用的对称加密算法的计算开销。测试表明在无线传感器平台上性能最优的对称加密算法是 RC4，而不是目前传感器网络中所使用的 RC5。由于对称加密算法的局限性，不能方便地进行数字签名和身份认证，给无线传感器网络安全机制的设计带来了极大的困难。因此高效的公钥算法是无线传感器网络安全亟待解决的问题。

2. 链路层的攻击和防御

数据链路层或介质访问控制层为邻居节点提供可靠的通信通道，在 MAC 协议中，节点通过监测邻居节点是否发送数据来确定自身是否能访问通信信道。这种载波监听方式特别容易遭到拒绝服务攻击也就是 DOS。在某些 MAC 层协议中使用载波监听的方法来与相邻节点协调使用信道。当发生信道冲突时，节点使用二进制值指数倒退算法来确定重新发送数据的时机，攻击者只需要产生一个字节的冲突就可以破坏整个数据帧的发送。因为只要部分数据的冲突就会导致接收者对数据帧的校验和不匹配。导致接收者会发送数据冲突的应答控制信息，使发送节点根据二进制指数倒退算法重新选择发送时机。这样经过反复冲突，使节点不断倒退，从而导致信道阻塞。恶意节点有计划地重复占用信道比长期阻塞信道要花更少的能量，而且相对于节点载波监听的开销，攻击者所消耗的能量非常的小，对于能量有限的节点，这种攻击能很快耗尽节点有限的能量。所以，载波冲突是一种有效的拒绝服务攻击方法。

3. 网络层的攻击和防御

在无线传感器网络中，大量的传感器节点密集地分布在一个区域里，消息可能需要经过若干节点才能到达目的地，而且由于传感器网络的动态性，因此没有固定的基础结构，所以每个节点都需要具有路由的功能。由于每个节点都是潜在的路由节点，因此更易受到攻击。

网络层的路由协议为整个无线传感器网络提供了关键的路由服务。如果受到攻击，则后果是非常严重的。无线传感器网络的攻击种类较多，主要介绍以下几种。

（1）虚假路由信息。

通过欺骗、伪装、更改和重发路由信息的方式，攻击者可以创建路由环来控制网络，吸引或拒绝网络信息流通量，延长或缩短路由路径，形成虚假的错误消息，同时进行网络分割来增加端到端的延时。

（2）选择性转发。

有些节点在收到数据包后，根本不转发收到的数据包，或者是有选择性的转发数据包，这就导致数据包不能准确的到达目的地。

（3）污水池（sinkhole）攻击。

这一类的攻击者通过声称自己电源充足、性能可靠而且有效，是泄密节点在路由算法上对周围节点具有特别的吸引力，来吸引周围的节点选择它作为路由路径中的节点，并引诱该区域中数据流通过该泄密节点。

（4）Sybil 攻击。

这种攻击是对网络层的一种攻击方法，此种攻击中，单个节点以多个身份出现在网络中其他节点面前，能够使自己以更高的概率被其他节点选择作为路由路径中的节点，然后与其他攻击方法结合使用，来达到攻击的目的。

（5）蠕虫洞（wormholes）攻击。

这种攻击常见的形式是两个恶意节点相互串通联合进行攻击。攻击者主要是通过低延时链路将某个网络分区中的消息发往网络的另一分区重发。

（6）Hello 洪泛攻击。

很多路由协议需要传感器节点定时发送 hello 包，以声明自己是网络中其他节点的邻居节点，而收到该数据包信息的节点，则会假定自身处于发送者正常无线传输范围内。而事实上，该节点距离恶意节点比较远，以普通的发射功率传输的数据包不可能到达目的地。

7.5 RFID 安全问题

7.5.1 RFID 面临的安全攻击

随着 RFID 能力不断提升和标签应用的日益普及，安全问题也变得日益严重，尤其是个人安全问题。如果用户带有不安全标签的产品，在用户没有感知的情况下，就会被区域内的阅读器读取，从而泄露用户个人的敏感信息（如身份、爱好等），特别是可能暴露用户的位置隐私，使得用户被跟踪。除此之外，攻击者还可能改变甚至破坏 RFID 的有用信息，还可以通过拒绝服务等手段破坏系统的正常通信。攻击者一旦掌握了 RFID 的制造技术和原理，就可以伪造或克隆 RFID 标签，进而影响 RFID 技术在零售业和自动付款等领域的应用。因此，在应用 RFID 时，必须考虑并要分析存在的安全威胁，研究和采取适当的安全措施。对于 RFID 面临的攻击概括为以下几类。

1. 电子标签数据的获取攻击

RFID 系统中，每个电子标签通常都带有一个内存储器，即带有内存的微芯片，当未授权方进入一个授权的阅读器时，如果阅读器与特定的电子标签通信，电子标签的数据就会受到攻击。在这种情况下，就导致未经授权的使用者可以像一个合法的阅读器一样去读取电子标签上的数据，若标签可写，数据甚至可能被非法修改或删除。

2. 电子标签和阅读器之间通信侵入

由于电子标签和阅读器之间是通过无线电波进行数据传输，在通信过程中，数据容易受到攻击，这类攻击的手段主要体现在以下几方面。

（1）伪造标签发送数据。

攻击者利用伪造的标签向阅读器发送错误信息或非法信息，可以用来欺骗 RFID 系统接收、处理并执行这些错误非法的电子数据标签信息。

（2）非法的阅读器截获数据。

攻击者利用某些非法的阅读器中途截取电子标签传输的数据。

（3）第三方堵塞数据传输。

攻击者可以利用某种手段来阻塞数据与阅读器之间的正常传输，攻击者通过很多伪造的标签进行响应来迷惑阅读器，致使阅读器不能正确分辨出标签的响应，从而导致阅读器负载，制造电磁干扰，这种方法就是欺骗，也叫拒绝服务攻击。

3. 攻击阅读器内部数据

当阅读器接收到电子标签的数据时，或是将数据传输给计算机网络系统之前，都会将信息存储在内存中，并用来执行某些相应的功能。这就要求阅读器如同计算机一样。因此同计算机一样，阅读器也存在安全入侵问题。目前市场上大部分阅读器都可以二次开发，这就要求阅读器必须具备可扩展接口。

4. 计算机系统侵入

阅读器接收到电子标签的数据，上传至计算机系统后，计算机系统也将会面临着 RFID 数据被侵入的威胁。

7.5.2 RFID 的安全分析

RFID 系统中安全和成本之间是相互制约的关系。一个好的 RFID 安全技术解决方案应该是平衡安全、隐私保护和成本的最佳方案。

现有的 RFID 安全和隐私技术可以分为两大类：一类是通过物理方法阻止标签和阅读器之间的通信；另一类是通过逻辑方法增加标签的安全性能。

1. 物理方法

（1）杀死（Kill）标签。

杀死标签机制是由标准化组织自动识别中心（Auto-ID Center）提出的，原理是使标签丧失功能，从物理上毁坏标签，并且无法再次激活，进而阻止对标签及其携带物的跟踪。如在超市买单时的处理。但是杀死命令使标签失去了它本身应有的优点。这样货物在出售后给后期的售后服务及对产品信息的进一步了解带来了困扰。此外，一旦杀死识别序号（PIN）被泄露，则可能导致超市物品被盗。

（2）法拉第网罩。

由金属箔片或金属网构成的无线电信号不能穿透的容器就是法拉第网罩，它可以屏蔽电磁波。把标签放进由传导材料构成的容器可以阻止标签被扫描。从而使阅读器无法读取标签，标签也无法向阅读器发送信息。被动标签接收不到信号无法获得能量，主动标签发射的信号不能发出，从而阻止标签与阅读器之间的通信。

（3）主动干扰。

主动干扰无线电信号是另一种屏蔽标签的方法，标签用户主动发出无线电干扰信号，从而使得附近 RFID 系统中的阅读器无法正常工作，进而达到保护隐私的目的。但这种方法可能会干扰到周围其他合法正常的 RFID 系统的正常工作，也有可能影响其他无线电通信系统，成为非法干扰。

（4）阻塞器标签。

阻塞器标签是 RSA 安全公司提出的一种特殊电子标签，当阅读器访问某个标签时，阻塞器标签可以返回一个并不存在的物品信息给阅读器，达到防止阅读器读取顾客隐私的目的。阻塞器标签可以防止标签被非法阅读器扫描和跟踪，在需要的时候，也可以取消阻塞，使标签可读，但阻塞标签也会带来成本的开销。

2. 逻辑方法

（1）散列锁定。

散列锁定（Hash-Lock）协议是 MIT 和 Auto-ID 中心提出的，是一种基于单向 Hash 函数的简单访问控制，可以更加完善地抵制标签未授权访问。它使用简单的 Hash 函数，增加开锁和闭锁状态，对标签与阅读器之间的通信进行访问控制，使用 MetaID 代替标签真实的 ID，当标签处于“闭锁”状态时，拒绝显示标签编码信息，只返回使用散列函数产生的散列值，只有发送正确的密钥或电子编码信息，标签才会利用散列函数确认后解锁；当标签处于“开锁”状态时，是可以向附近的阅读器提供它的信息。

此种方法可以提供访问控制和标签数据隐私保护，且成本较低。但因其固定的 MetaID

不会更新，攻击者仍可以通过 MetaID 追踪标签获得标签隐私定位，并且访问密钥是以明文的方式通过信道传输，所以容易被截获，无法解决位置隐私和中间攻击问题。

（2）匿名 ID 方案。

采用匿名 ID 方案，攻击者即使在信息传递过程中截获标签信息，也不可能获得标签的真实 ID。通过第三方数据加密装置采用公钥加密、私钥加密或者添加随机数生成匿名标签 ID。虽然标签信息只需要采用随机读取存储器（RAM）存储，成本较低，但数据加密装置与高级加密算法都将导致系统的成本增加。因标签 ID 加密以后仍具有固定输出，因此，使得标签的跟踪成为可能，存在标签位置隐私问题。并且，该方案的实施前提是阅读器与后台服务器的通信建立在可信通道上。

（3）重加密方案。

采用公钥加密。标签可以在用户请求下通过第三方数据加密装置定期对标签数据进行重写。因采用公钥加密，大量的计算负载超出了标签的能力，通常这个过程由阅读器来处理。该方案存在的最大缺陷是标签的数据必须经常重写，否则，即使加密标签 ID 固定的输出也将导致标签定位隐私泄露。与匿名 ID 方案相似，标签数据加密装置与公钥加密将导致系统成本的增加，使得大规模的应用受到限制。并且经常地重复加密操作也给实际操作带来困难。

由于 RFID 的计算资源和存储资源非常有限，在 RFID 系统中使用公钥密码体制的加密方案很少。

7.6 物联网安全技术分析

物联网的概念是在 1999 年提出的。在我国，物联网最初被称之为传感网。中科院早在 1999 年就启动了传感网的研究，并取得了一些科研成果，建立了一些实用的传感网。现在越来越多的设备加入到物联网的行列，如警务通，IC 卡刷卡器，等等。

随着计算机软硬件、网络技术和移动通信技术的快速发展，物联网技术在现实生活中的应用越来越多，物联网现在正悄悄地走入我们的生活，给我们带来便利的同时也带来了隐患。物联网模式还在探索中，技术上以及信息安全方面还有难题待破解。

我们可以设想在我们的实际生活中，物联网将洗衣机、电视、电冰箱、电灯、微波炉等家用电器连接到网络，通过网络对这些设备进行“运行”“停止”等操作。我们可以设想黑客通过网络对电冰箱发动攻击，使其超频率地工作，导致爆炸伤害人身安全。微波炉自动从冰箱取出冰块，加热升温，水遇电而短路，而恰恰这个时候，在计算机前的你正在写一份销售报告的结尾。你对计算机发动指令，将机密文件放入碎纸机中粉碎，攻击者觉得这份计划对他有用，他停止了碎纸机的粉碎工作，通过扫描仪将这些机密通过网络传输到了自己的计算机里。你正在看电视，突然插入一个莫名其妙的信号，播放一些你并不想看到的信息。当你正在灯下思考，攻击者通过指令使灯泡超负荷工作，灯泡爆炸。

网络安全问题，由于很多时候是无线传输，因此就存在信号可能被窃取的危险，这将直接影响到这个体系的安全。

7.6.1 物联网中的认证机制

传统的认证是区分不同层次的，网络层的认证就负责网络层的身份鉴别，业务层的认证就负责业务层的身份鉴别，两者独立存在。但是在物联网中，大多数情况下，机器都是拥有专门的用途，因此其业务应用与网络通信紧紧地绑在一起。由于网络层的认证是不可缺少的，所以其业务层的认证机制就不再是必须的，可以根据业务由谁来提供和业务的安全敏感程度来设计。

例如，当物联网的业务由运营商提供时，那么就可以充分利用网络层认证的结果而不需要进行业务层的认证；当物联网的业务由第三方提供也无法从网络运营商处获得密钥等安全参数时，它就可以发起独立的业务认证而不用考虑网络层的认证。或者当业务是敏感业务如金融类业务时，一般业务提供者会不信任网络层的安全级别，而使用更高级别的安全保护，那么这个时候就需要做业务层的认证；而当业务是普通业务时，如气温采集业务等，业务提供者认为网络认证已经足够，那么就不再需要业务层的认证。

7.6.2 物联网中的加密机制

传统的网络层加密机制是逐跳加密，即信息在发送过程中，虽然在传输过程中是加密的，但是需要不断地在每个经过的节点上解密和加密，即在每个节点上都是明文的。而传统的业务层加密机制则是端到端的，即信息只在发送端和接收端才是明文，而在传输的过程和转发节点上都是密文。由于物联网中网络连接和业务使用紧密结合，那么就面临到底使用逐跳加密还是端到端加密的选择。

对于逐跳加密来说，它可以只对有必要受保护的连接进行加密，并且由于逐跳加密在网络层进行，所以可以适用于所有业务，即不同的业务可以在统一的物联网业务平台上实施安全管理，从而做到安全机制对业务的透明。这就保证了逐跳加密的低时延、高效率、低成本、可扩展性好的特点。但是，因为逐跳加密需要在各传送节点上对数据进行解密，所以各节点都有可能解读被解密后的明文，因此逐跳加密对传输路径中的各传送节点的可信任度要求很高。

而对于端到端的加密方式来说，它可以根据业务类型选择不同的安全策略，从而为高安全要求的业务提供高安全等级的保护。不过端到端的加密不能对消息的目的地址进行保护，因为每一个消息所经过的节点都要以此目的地址来确定如何传输消息。这就导致端到端加密方式不能掩盖被传输消息的源点与终点，并容易受到对通信业务进行分析而发起的恶意攻击。另外从国家政策角度来说，端到端的加密也无法满足国家合法监听政策的需求。

由这些分析可知，对一些安全要求不是很高的业务，在网络能够提供逐跳加密保护的前提下，业务层端到端的加密需求就显得并不重要。但是对于高安全需求的业务，端到端的加密仍然是其首选。因而，由于不同物联网业务对安全级别的要求不同，可以将业务层端到端安全作为可选项。

7.6.3 提高物联网安全性的方法

1. 加强物联网标准体系建设

筹备物联网标准联合工作组，做好相关标准化组织间的协调。目前，物联网的概念和技术架构缺乏统一的清晰描述，政府、产业和市场各方对其内涵和外延认识不清，可能使政府对物联网技术和产业的支持方向和力度产生偏差，严重影响物联网产业的健康发展。

物联网标准联合工作组将紧紧围绕产业发展需求，协调一致，整合资源，共同开展物联网技术的研究，积极推进物联网标准化工作，加快制订符合我国发展需求的物联网技术标准，建立健全标准体系，并积极参与国际标准化组织的活动，以联合工作组为平台，加强与欧、美、日、韩等国家和地区的交流和合作，力争成为制定物联网国际标准的主导力量之一。

2. 完善我国物联网标准体系建设

我们需要高度重视物联网标准体系建设，加强组织协调，明确方向、突出重点、统一部署、分步实施，积极鼓励和吸纳有物联网应用需求的行业和企业参与标准化工作，稳步推进物联网标准的制订和推广应用，推动相关标准组织形成有效协调、分工合作的工作机制，尽快形成较为完善的物联网标准体系。

7.7 本章小结

随着物联网技术的日益兴盛，各行各业的广泛应用，物联网技术给我们带来了便捷，同时自身所暴露的安全问题也日益突出。

本章主要介绍了物联网的安全技术、物联网面临的安全威胁及作为物联网核心技术的无线传感器网络和 RFID 技术，并对该技术的安全做了相应的分析。

习 题

1. 什么是信息安全？
2. 简述物联网安全问题分类。
3. 无线传感器网络存在哪些安全问题？
4. RFID 技术存在哪些安全问题？
5. 简述提高物联网安全性的方法。

参考文献

[1] 崔艳荣，周贤善. 物联网概论[M]. 北京：清华大学出版社，2014.

[2] 季顺宁. 物联网技术概论[M]. 北京：机械工业出版社，2012.

[3] 马静. 物联网基础教程[M]. 北京：清华大学出版社，2012.